从湘粤古道到古生物学高峰

——古植物学家李星学院士的科学精神传承

湖南省地质博物馆◎组织撰写

钟琦 傅强◎著

中南大学出版社

www.csupress.com.cn

长沙

图书在版编目（CIP）数据

从湘粤古道到古生物学高峰：古植物学家李星学院
士的科学精神传承／钟琦，傅强著. —长沙：中南大学
出版社，2022.12

ISBN 978-7-5487-5153-3

Ⅰ. ①从… Ⅱ. ①钟… ②傅… Ⅲ. ①古植物学－
文集 Ⅳ. ①Q914-53

中国版本图书馆 CIP 数据核字（2022）第 197655 号

从湘粤古道到古生物学高峰
——古植物学家李星学院士的科学精神传承

CONG XIANGYUE GUDAO DAO GUSHENGWUXUE GAOFENG
——GUZHIWUXUEJIA LIXINGXUE YUANSHI DE KEXUE JINGSHEN CHUANCHENG

钟琦　傅强　著

□出 版 人	吴湘华		
□责任编辑	伍华进		
□责任印制	唐　曦		
□出版发行	中南大学出版社		
	社址：长沙市麓山南路	邮编：410083	
	发行科电话：0731-88876770	传真：0731-88710482	
□印　　装	湖南鑫成印刷有限公司		

□开　　本	710 mm×1000 mm　1/16	□印张 6.5	□字数 127 千字
□版　　次	2022 年 12 月第 1 版	□印次 2022 年 12 月第 1 次印刷	
□书　　号	ISBN 978-7-5487-5153-3		
□定　　价	88.00 元		

晚年的李星学院士(2007 年)

序

　　值中国古植物学界一代宗师——李星学院士105华诞和李星学院士故居暨科学家精神教育基地在湖南郴州揭幕之际，一部记述地质古生物学家李星学院士及朱森先生传奇一生的新书《从湘粤古道到古生物学高峰——古植物学家李星学院士的科学精神传承》即将问世了。这部新书将令读者如饮甘露，不仅增强了对为祖国科学事业奉献的后继者们的启迪和激励，更增强了我们这些早年曾师从李星学院士的晚辈学生对导师的深深怀念之情。

　　《从湘粤古道到古生物学高峰——古植物学家李星学院士的科学精神传承》一书详细介绍了李星学院士在中国地质古生物学开创者——丁文江、李四光、朱森、斯行健等先辈科学家引领与影响下成长的光辉而曲折的历程，也介绍了德国科学家李希霍芬等对中国地质古生物学发展的贡献，从侧面展现了中国一代又一代科学家为祖国地质古生物学发展自强不息的奋斗精神和他们对自然科学，特别是对地质古生物学的热爱。许多故事鲜为人知但感人至深，书中的信息和资料弥足珍贵。

　　李星学院士是国际著名古植物学家与地层学家、中国古植物学科的奠基人之一，他为中国古植物学发展做出了杰出的贡献。除长期领导中科院南京古生物所古植物研究室工作和担任该所学术委员会主任外，李星学院士还曾担任中国古生物学会和中国古植物学会(后改为中国古生物学会古植物学分会)理事长、中国古生物学名词审定委员会主任及《古生物学报》主编等。他所开创的"华夏植物群"研究，特别是有关中国大羽羊齿类植物的研究，不仅丰富了中国古植物学宝库，而且已成为国际古植物学的经典。他对中国古植物学发展的卓越贡献一直得到学界同仁的崇敬。

李星学院士是继斯行健、徐仁等院士之后，推动中国古植物学走向世界最杰出的使者。他是首位荣获美国植物学会通讯会员殊荣及"萨尼国际古植物学协会奖章"的中国古植物学家，他曾担任国际地科联冈瓦纳和石炭纪地层委员会选举委员以及第六届国际古植物学大会（IOPC-VI）主席，为中美、中英、中俄、中日、中印及中澳等国际古植物学合作与交流搭建起友谊的"桥梁"。2007年，在祝贺他90华诞的日子里，来自英、美、德、法、俄、日、澳、西班牙、阿根廷、印度等国的40余位著名古植物学家向他表示祝贺和赞扬，并为他所领导的中国古植物学事业发展取得的成就表示由衷的钦佩。

李星学院士的一生是自强不息、刻苦奋斗的一生。在经历了九十载的风风雨雨、沐浴了半个多世纪的和煦阳光的学术生涯中，他始终以"学贵有恒，业精于勤"的治学精神，兢兢业业并创造性地开展工作。他严于律己、宽以待人、谦虚谨慎、求真务实，提携后辈的高尚品格和作风为后人树立了光辉的榜样。

作为李院士的第一个博士研究生，在我求学和与导师共事长达近40年的日子里，我深受他的关爱和培养，导师的恩情永世难忘。至今，我还记得导师在南京酷热夏日穿着背心和短裤、摇着扇子指导和修改我的博士论文的情景，当时他已近70高龄。导师不仅在学术上悉心指导，在生活上也对我关怀备至：1984年在我攻博期间，为帮助我解决孩子在南京上学的困难，他尽全力让女儿长青帮助我的孩子从长春转来南京十三中（省重点中学）上学，后来我的儿子考上了南京医科大学，现已成为一名优秀的血管外科医生。

2002年在我受邀到吉林大学组建古生物研究中心后，为继续给予我指导和帮助，他又不远千里从南京来长春，接受吉林大学兼职教授的聘任并担任吉林大学古生物研究中心学术委员会主任，当时他已是85岁高龄。

半个多世纪的日子里，李先生培养了一批又一批研究生和进修学者，后来他们大都成为中国古植物学界的骨干力量。他为中国古生物学的人才培养贡献了他的全部心血和力量。在与导师近40年的接触中，我深深感到导师热爱祖国、忠诚于祖国科学事业的崇高精神，以及他自强不息、业精于勤的高尚品格和学风。导师李星学院士留给我们的宝贵精神财富让我们受益终身，他的高尚品德和精神永远激励我们奋勇前进！

最后，再次祝贺《从湘粤古道到古生物学高峰——古植物学家李星学院士的科学精神传承》的出版，并感谢这一新书作者们的辛勤付出和出色的工作！

2022 年 10 月

（孙革：中国古生物学会副监事长兼古植物学分会名誉理事长，自然资源部东北亚古生物演化重点实验室主任，沈阳师范大学教授；原中科院南京古生物所党委书记兼副所长）

缘 起

　　已经不记得是第几次来郴州了，早就知道李星学院士是郴州人，但一直未有机会前往其故居探访。2022 年 6 月 22 日，因公之故，方由李星学院士的儿子李克洪先生带领到坳上村探访了李星学故居，并随即走访了李星学院士二舅朱森先生故居。

　　两处故居虽然形制存在差异，但都是有近两百年砖木结构历史的清代建筑。坳上村的李星学故居位于村子中部，高高的马头墙是典型的徽派建筑，门前是窄窄的石板路，因常年的走踏已经很光滑；大奎上朱森故居则位于村子最边上，门前是开阔的平台，远处是高耸的五盖山。两处故居的外形虽然存在差异，但走进大门，都有一个天井，天井下是一个青灰色石灰岩砌成的水池。水池与暗渠相连，山上的泉水常年流淌不断，可以为炎热的夏天带来丝丝清凉，水池既是下雨天接雨水的地方，也是洗菜的地方。

　　李星学故居的大门紧闭，里面堆满了杂物，而朱森故居的门虽然开着，但遍地的鸡屎，已经成了养鸡之所。斯人已去，故居仍在，然由于种种原因，这些祖宅已经不为它们的后人所有。在产权混乱，缺乏及时修葺的条件下，这些很有代表性的清代民居已经摇摇欲坠，与相去不远的发生过"半条被子"故事的红色民居有天壤之别。

　　如果任其这样延续下去，这些承载着著名科学家青少年经历和情感的房屋很快将仅留在个别人的记忆中。在举国大力弘扬科学精神和科学家精神的今天，科学精神又将何处安放呢？

坳上村

李星学院士是我国著名的古植物学家，而其二舅朱森也是著名地质古生物学家，而且是我们国家自己培养起来的最早的一批古生物学家之一，朱森只是由于旧疾发作于抗战期间在重庆去世，年仅 40 岁。

　　1928 年，朱森先生毕业于北京大学地质系，同期毕业的还有黄汲清、李春昱和杨曾威三人。在其北大地质系读书期间，任课老师有葛利普、李四光、朱家骅等，都是我国地质古生物学界执牛耳的先驱。后来，黄汲清与老师李四光一道在 1948 年被评为中央研究院第一届院士，1955 年当选为中国科学院学部委员（院士）；李春昱于 1980 年当选为中国科学院学部委员（院士）。其中，朱森最受李四光的喜爱和器重，毕业后立即被李四光邀请加入了成立不久的中央研究院地质研究所，与老师和同事合作取得了丰硕的成果。

　　李星学大学就读于二舅朱森执教的重庆大学地质系，在随后的成长过程中深受朱森及其师友的影响，例如其古植物学研究的领路人斯行健院士就是朱森在北大地质系的学长，且互为挚友。

　　正是在这样一代代的传承之中，中国地质古生物学，乃至整个科学，逐渐发展，逐渐壮大，由弱变强，成为中华民族伟大复兴的支柱和保障。

未打扫前的李星学故居，房内堆满杂物

目　录

湘粤古道

对于"郴"字，很多第一次见的人大都不知道怎么读。这是一个不太常用的字，仅用于"郴州"这一地名。"郴"字最早见于秦朝，为篆体"郴"，由"林""邑"二字合成，意为"林中之城"，可见当地植被之茂密。

郴州地处南岭山脉与罗霄山脉交错地带，南依骑田岭与莽山遥望，西南为萌渚岭，东为罗霄山脉南端，诸山构成了通往两广的天然屏障，也构成了长江水系与珠江水系的分水岭。在公路和铁路出现之前的古代，水路是最便捷和舒适的交通方式。然而，中原地区自长江经湘江和耒水溯水南下的最南端就是郴州，而自广州溯北江北上的顶点是宜章县，从宜章县城到郴州城区则只能靠马驮人抬了。在莽莽的南岭之间蜿蜒延伸的道路就是有"骡马古道"之称的湘粤古道了，是中原通往华南沿海的咽喉。

"北瞻衡岳之秀，南峙五岭之冲"的郴州，具有悠久的历史。1964年，在桂阳县流峰镇上龙泉村发现的旧石器时代晚期的刻纹骨锥表明，早在一万多年前，就有古人类在这块土地上繁衍生息。

公元前221年，秦始皇统一天下，分天下为三十六郡，在湖南置黔中、长沙二郡，在郴州一带设置郴县，自此郴州大地上留下了无数美好的传说和佳话。

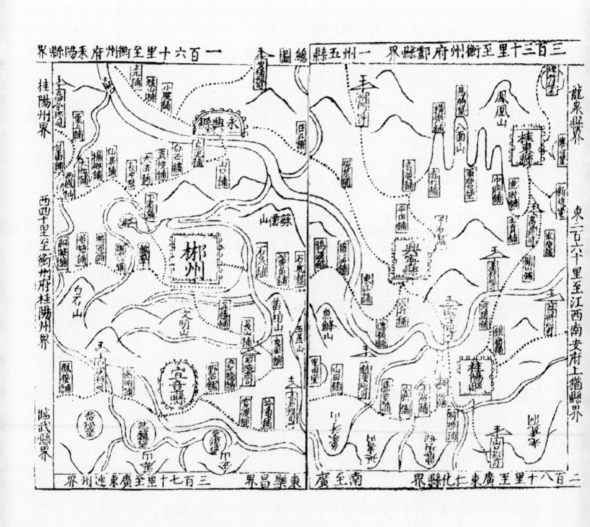

明朝万历年间胡汉纂修的《郴州志》中的郴州地图

秦嬴政三十三年(公元前 214 年)，秦王朝为统一中国，发动五十万大军远征南越，攻取两广，修筑了郴州城区至宜章县城的湘粤古道的雏形。

汉光武帝建武年间，卫飒任桂阳郡太守，大力改造湘粤古道，拓宽路面，青石铺地，增修亭馆、驿站，建立邮驿。湘粤古道经过这次大规模改造后基本定型，成为中原沟通南越政治、经济、军事的交通要道，沿用了近两千年。

两千多年来，湘粤古道上人来人往，有文人墨客，有贩夫走卒，有戍边将士，更有后来的科学考察者。

湘粤古道在湖南境内的部分南起宜章县南关街三星桥，北至郴州裕后街，俗称"九十里大道"，大部分位于南岭重叠的山峦之间，主要为一块块的青石板铺就。经年累月的商旅往来，骡马的铁掌在青石板上踏出了一个个凹形的蹄印。山间的旅行是艰难的，以至于郴州人有句流传很广的顺口溜——"船到郴州止，马到郴州死，人到郴州打摆子"。正是因为无法行船了，货物只能靠骡马驮运，漫长的古道将马都累死了，而人也已经奄奄一息。

古道的青石板上，除了一个个骡马铁掌踏出的凹痕，还有一些不为人所注意的花纹。这些通常发白的花纹有的像螺壳，有的像分枝的小树丛，它们都曾经是远古海洋中的生物，是随着沧海桑田的变迁，沉积在岩层中变成了化石。对于人们的现实生活，它们似乎没有什么用处，也就引不起人们的注意和兴趣。然而，随着现代科学从西方的引入，一切都发生了变化。

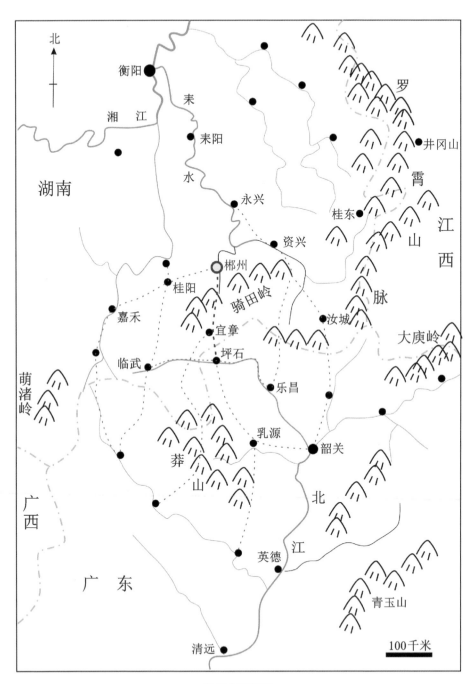

湘粤古道概况

第一篇

李希霍芬和柏生士

费迪南德·冯·李希霍芬(Ferdinand von Richthofen，1833—1905)是一个生于 1833 年 5 月 5 日的普鲁士人，其出生地今属波兰。李希霍芬曾就读于布雷斯劳大学及柏林洪堡大学，1856 年毕业，获得博士学位。随后其在奥地利和罗马尼亚等地进行地质研究。在 1860 年到 1862 年间，李希霍芬参与普鲁士政府组织的东亚远征队，前往亚洲的许多地方，例如锡兰(今斯里兰卡)、日本、中国台湾、印度尼西亚、菲律宾、暹罗(今泰国)和缅甸等地。其间，在 1861 年 3 月，他还随同普鲁士外交使团到达过上海。1863 年到 1868 年，他又在美国加利福尼亚州进行了大量的地质调查，发现了金矿，他的考察间接导致了加州后来发生的淘金热潮。1868 年 9 月，他再次经日本来到中国。在之后的 4 年间，他以上海为基地，在中国进行了 7 次地质旅行考察，足迹遍及中国的 13 个省、自治区。在考察期间，他正式确定了罗布泊的位置(旁边有古楼兰遗址)，第一个向全世界详尽介绍都江堰，最早提出了中国黄土的"风成论"，首次提出了"丝绸之路"的概念和名称，祁连山山脉至今在德语中仍被称为"李希霍芬山脉"。此外，他还以江西景德镇东北部高岭山的拉丁文译名"Kaolin"命名了高岭土，这是第一种以中国原产地为通用名称的矿物。他将在中国考察的结果和有关专家对他采集的大量各门类化石的研究，汇集发表在《中国》各卷中。

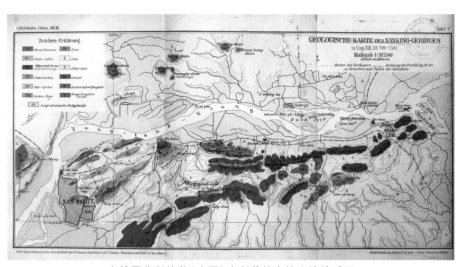

李希霍芬所编著《中国》中所载的宁镇山脉地质图

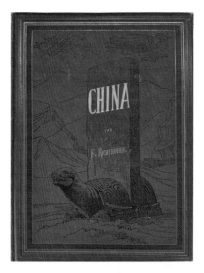
《中国》封面

李希霍芬对中国地质和地理的考察，对中国近代地质学产生了深远的影响。其相继出版的5卷本《中国》是里程碑式的巨著宏作，成为中国地质学、地理学发展的重要基石。就连中国地质事业的创始人之一的翁文灏先生也不得不承认："中国地质学之巩固基础，实由德人李希霍芬氏奠之。"

19世纪中后期，本已处于风雨飘摇境地的清政府，在西方凭借现代技术带来的巨大优势面前显得尤其屡弱无力。随着西方殖民力量的侵入，虽然如上海、广州这样的沿海口岸地区已经向西方世界开放，但在中国内陆地区，当地的旧秩序依然牢不可破。然而，随着中央政府的控制力逐渐削弱，地方治安日趋变差，暴乱四起、土匪横行。尽管困难重重，但一批批西方探险家和博物学家远道而来，试图成就他们各自的事业与梦想。

1869年底，已经在中国进行了4次考察、36岁的李希霍芬从上海到达香港，计划经广州沿西江逆流而上到广西、云南和四川进行为期90天的考察。然而，由于云南、四川一带的旅程中可能会遇到"起义和暴乱，变数太多"，遂改变计划"经梅岭前往湖南，考察当地的几处煤矿"。就是这样的改变，导致了中国古植物学研究历史中的一段传奇。

1870年1月21日下午两点，经过了20天的溯流北上，在换了几次船之后，李希霍芬终于到达了湖南境内的第一站——宜章。宜章地处湖南省南端，南岭山脉中段。南岭位于湘赣和两广之间，呈东北—西南走向，自古是中原与岭南的分界线。南岭因主要由越城岭、都庞岭、萌渚岭、骑田岭和大庾岭5条主要山岭组成，故又称"五岭"。虽然南岭并不高峻，平均海拔只有1000米，几座较高的山峰海拔也不过2000多米，但它的山路十分崎岖，气候也异常炎热，虽然有湘粤古道，但真正的旅程也是异常艰难的。

到1934年湘粤公路、1936年粤汉铁路相继全线开通后，士商行旅多乘

折岭附近的南岭

汽车、火车，肩挑贩运也多走公路，故昔日大道行旅日稀，以至骡马绝迹，荆棘塞途。而如今京广高铁、京珠高速、厦蓉高速、宜凤高速等的修建，更使湘粤古道淡出人们的视线，仅沿途保存的石板路、店铺、凉亭、牌坊、古桥、古井、古民居等文化遗存，默默守护古道的苍凉。而知晓民间流传歌谣的人也渐渐不多了：

> 一十里慢步悠悠到尧坡，
> 二十里分水河边看风波，
> 三十里折岭陡壁高万丈，
> 四十里两路司口岔平和，
> 五十里良田关卡完官饷，
> 六十里万岁桥上封八角，
> 七十里登临韩公走马岭，
> 八十里细看屋角对庙角，
> 九十里南关上头抬头望，
> 郴州城房屋堆起像蜂窝。

但在1870年1月22日和23日，李希霍芬依然要踏着满是骡马蹄印的石板路翻越骑田岭，"单凭自己的腿走到郴州"。23日由于很晚才启程，他不得不紧赶慢赶。在路上，李希霍芬发现"此处的道路铺着石灰岩石板，随处可见很多化石。但是只要有人在这里敲敲任何一块石头，立刻就会有一群人围上来，这些人看来很危险。因为马上就是中国的新年了，所以几乎不可能找到进山的向导了，这里的宝藏只能等待后来人去发现了"。

1899 年的折岭骡马古道

(图引自《一个美国工程师在中国》)

经过一天的跋涉，李希霍芬终于来到郴江岸边的裕后街。他在日记中写道，"郴州有一条沿河的狭长的商业街道，这里原本是它的市郊，相比之下原来的城里倒显得死寂很多"，作为商业要冲，"来往于驰道骡马日以千计，挑夫不下万人，郴江码头出入商船日达三四十艘，云集于此。沿河一带，盐行、粮行、油行、土产行林立，旅舍客栈达百余家，其时'商贾云集、货物辐辏、颇及一时之盛'，极大地带动郴州古城向南沿河发展"。如今的裕后街经整治已经焕然一新，新铺的石板路上可以发现很多化石，以笛管珊瑚为主，此外还有少量腹足类动物。

（红色箭头处为珊瑚化石所在位置）

折岭村中的老石板路上

（红色箭头所指珊瑚化石近照）

折岭村中的老石板路上的珊瑚化石

在郴州做短暂的休整、拜访了当地的官员之后，李希霍芬于1月25日乘船离开郴州继续北上。"离开税卡屯村后，景色发生了巨大的变化，又一次出现了红色砂岩。此处的地貌和先前在宜章见过的几乎一样，类似一种丘陵高原，到处都是圆顶山峰，不高，大概100米到200米的样子。景色十分浪漫，但是不宜居住，因此这里人口不多。经常可以看到一个村子就位于山顶上，三面都是陡峭的山壁，上下非常不易。河流就在狭窄的砂岩壁间穿行。天黑的时候，我们才到达东江河流入耒河（现一般称耒水）的入口，又走了5里到了瓦窑坪。"

1月26日，李希霍芬继续顺河而下，"两岸景致怡人：延绵的红色砂岩壁，间或出现傲立的山峰和草木茂盛的山谷。这些巨大的砂岩有一个独特之处，就是有时会达到20米到30米的厚度，而且很完整，根本看不出层次"。

1899 年郴州全景图

（图引自《一个美国工程师在中国》）

如今重新修葺的裕后街

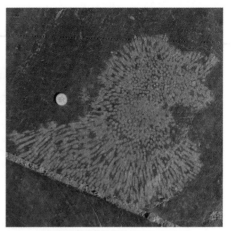

郴州裕后街石板上的珊瑚化石

郴州高椅岭丹霞地貌

　　李希霍芬在这里所看到的红色砂岩，后来被称为丹霞地貌——1939 年由地质学家陈国达院士命名。经地质学家研究发现，在距今 1.3 亿年至 7000 万年前——地史上称为白垩纪的时期，这些红色砂岩形成的地区曾是一片内陆湖泊，其中最大的是郴永安茶湖，其总面积不小于 3000 平方千米，略大于当今洞庭湖的面积。当时的气候炎热，湖泊内沉积物富含氧化铁，故形成我们今天所见到的红色砂岩层。后来由于地壳上升，湖盆抬高成为山地，同时因为构造运动的影响，红色砂岩层的某些地段产生了一系列垂直节理。红层在风化作用和地表水、地下水的侵蚀、溶蚀、搬运、沉积作用及重力崩塌作用下，才塑成今日绚丽多姿的丹霞地貌景观。

　　虽然耒水依然在山间蜿蜒流淌，但地势已经变得比较平缓，河水的流速并不快。连日的阴雨给李希霍芬的地图绘制带来了麻烦，他只能借助罗盘标出路线。李希霍芬在考察记录中写道："1 月 27 日，我们进入了湖南产煤地区，看来这一地区的范围不小。这里多山，山上有野生的，也有人们种植的植物。道路沿着一条向上的山谷前进，两边是坡状的稻田，一直通往山上的煤矿。从山谷入口算起，煤矿已经高出河流 75 米了。很多驮煤的人走这条

小东江与郴江的交汇处，此后至湘江段称耒水，右侧为郴州方向

小路，尽管上下山的人很多，都没想到把这条路拓宽一下，现在窄得都容不下两个背筐的人并行。……位于河右岸的煤矿比到目前为止我见过的任何一地的煤矿规模都大。这个狭长分布的村落几乎就是黑色的，有很多煤行。大量的各种大小的煤块都堆积在这里，大概有80艘船等待装煤，大部分船去往汉口……"

由于李希霍芬对自然资源和地质情况十分关注，因此他在产煤区做了短暂的逗留，考察矿井，采集化石。在日记中，他写道："（1月28日）这里的矿井有1~3里深（500~1500米）。因此煤的质量并不好，至于储量大不大我也无从估计。我们试着下到一处矿井中进行考察，但是无功而返。我发现一处蓝色和灰色的泥土层中有很多贝壳和蜗牛的化石——一些海里生物化石。在拥挤的人群中我们很难进行考察，甚至有人认为我们发现了宝贝。我们只好一会儿上山，一会儿下山才甩开了尾随的人群。但是很快又有一批人聚拢过来，一直跟着我们直到离开。尽管如此我还是收集了大概100来块化石，虽然大部分都几乎破碎了。"

等到农历的腊月二十八，马上就是新年了。船上船工的老家就在此地，于是在阴历的最后一天他们在一个叫小江口

1899年永兴塘门口

（图引自《一个美国工程师在中国》）

的村子停了下来。船工回家过年去了，缺少了陪同的李希霍芬只能在那两天阳光灿烂的日子里，无所作为，以至于感叹道："对于古生物学研究来说，湖南的南部简直就是一个天堂。我的后来者们将获得巨大的成果，而我却无法采集这些标本，只能遗憾万分了……"

李希霍芬将在耒水河畔采集的植物化石寄回德国后，经古植物学家欣克（Schenk）研究，研究结果于 1883 年发表于李希霍芬所著的《中国》第四卷。其中有一种植物十分特殊，长得非常像今天的烟叶，遂被命名为烟叶大叶羊齿（*Megalopteris nicotianaefolia*）。不过后来欣克发现"大叶羊齿"一名已经被加拿大地质学家威廉·道森爵士（Sir J. William Dawson）在 1871 年用于其他植物，因此于 1902 年不得不将烟叶大叶羊齿改名为烟叶大羽羊齿（*Gigantopteris nicotianaefolia*）。之后经过一代代古植物学家的研究，其成为誉满全球的化石植物，提起大羽羊齿，古生物学工作者几乎无人不知。随着研究的不断深入，大羽羊齿已经成为一个庞大的家族，统称为大羽羊齿类植物，在分类学上归属于已绝灭的种子蕨类。

大羽羊齿最早发表时的图版
（图引自《中国》）

现在已知的大羽羊齿类植物包含多个属种，其中以下 4 个属相对比较重要，它们分别是：华夏羊齿（*Cathaysiopteris*），小羽片仅具一级羽状侧脉，细脉呈羽状；准大羽羊齿（*Gigantopteridium*），相邻细脉二歧分叉结成叠锥状长单网眼；单网羊齿（*Gigantonoclea*），1~3 级羽状侧脉，细脉结成单网脉，是这类中最繁盛的属；大羽羊齿（*Gigantopteris*），2~3 级羽状侧脉，细脉单轴式分枝组成重网脉，为本类最进化的代表。大羽羊齿类主要生活在二叠纪，分布于中国、朝鲜、东南亚等国家和地区，少数属种发现于北美、土耳其、日本、亚美尼亚、中亚等国家和地区，以中国华北南部地区和华南地区最发育，仅少数残存至早三叠世。

距泥堡口不远的煤矿处采集的大羽羊齿化石，
仅露出部分(红色箭头所指)，大部分仍被埋在岩石中

研究显示，大羽羊齿类是生活于热带或热带雨林环境下的攀缘木质藤本或灌木植物，叶为大型羽状复叶或单叶。有人认为大羽羊齿类同时具被子植物的进化特征和种子蕨植物的原始特征，体现了非同步的进化性状，认为大羽羊齿类很有可能是被子植物的祖先类型。大羽羊齿类不仅是我国二叠纪颇为奇特的一类植物，也是 2.8 亿年前的晚期华夏植物群中最著名的代表。因此，人们也把华夏植物群称为大羽羊齿植物群，产大羽羊齿的煤系地层称为大羽羊齿煤系。

具有繁殖结构的大羽羊齿复原图

在最初的文献中，记载烟叶大羽羊齿的模式标本产自湖南南部的"Lui-Pa-kou"。由于李希霍芬是根据当地人的方言，用德语记录这些化石产地的，因此曾经有很长一段时间，这一地名在中文文献中一般都被写成"耒坝口"，并一直没有搞清其具体位置。1960 年全国地层委员会编辑出版的《地层

产自福建的具有繁殖结构的大羽羊齿化石

规范草案及地层规范草案说明书》曾指出，"黄汲清根据李希霍芬的材料所创立的耒坝口系应停止使用，因为至今无人能找出耒坝口在什么地方"。

除李希霍芬外，瑞典古植物学家赫勒（Halle）在 1927 年发表的文章中提到，"1917 年，周赞衡君和笔者在湖南的不同产地，其中包括李希霍芬采集模式标本的 Lui-Pa-kou，采集了大量的大叶羊齿化石"，但是，"包括许多大叶羊齿大型叶片在内的这批材料，在 1919 年运往瑞典时，因瑞典轮'北京号'失事而全部沉没"。在同年的另一论文中，周赞衡在节译时写道："云南宣威之大羽羊齿一种（*Gigantopteris nicotianaefalia schenk*），其脉纹形态等，均与李希霍芬氏在湖南耒阳县雷八口发现之标本相似，当属同一种。"这与黄汲清在 1932 年所译的"耒阳县耒坝口"不同，虽然周赞衡先生生前曾讲过，他在湖南时根本就没有找到过 Lui-Pa-kou 这一地点。可是后来，一般文献中都把烟叶大羽羊齿的标准产地，写作湖南耒阳县耒坝口。

为了确定 Lui-Pa-kou 的具体位置，中国科学院南京地质古生物研究所的古植物学家姚兆奇（李星学院士的第二个研究生，后因故未能毕业，但一直在所中与老师一同工作，主要研究二叠纪华夏植物群和大羽羊齿类植物）查阅了有关文献后发现，李希霍芬在所著《中国》一书第四卷中的一个脚注里提到，"植物化石采自正在开采的一个煤窑，它位于 Lui-Pa-kou 以东约 4 公里处。这里植物化石十分丰富，岩石坚硬，利于采集，植物化石保存良好。上百个煤窑工人围观我，与在其他一些地点那样，只采得少量化石"。《中国》一

书第一卷中标示了第五次考察路线图，并记载了 1870 年 1 月 26 日至 2 月 2 日沿耒河的航行，和在 Lui-Pa-kou 采集化石。在该书的第三卷中，详细记载了 Lui-Pa-kou 位于西河口以下 4 公里处的耒河右岸，该处当时为耒河沿岸最大的一个煤栈，煤窑位于 Lui-Pa-kou 北东东 4 公里处，含煤地层产植物化石。自 Lui-Pa-kou 至耒阳县间，经过耒河左岸之大河滩和右岸的陶洲，再往下游则经左岸的黄泥江和清水铺。李希霍芬在书中还附了自 Lui-Pa-kou 至化石产地的地质剖面图和一个穿过上述一些煤产地的理想剖面图。

根据这些资料，1979 年 10 月，姚兆奇赴烟叶大羽羊齿的标准产地 Lui-Pa-kou 采集植物化石，经实地调查，将 Lui-Pa-kou 汉名确定为"泥巴口"。但在现在的地图中，该地的名字一般写为"泥堡口"，距离永兴县城约 10 公里，距离郴州市约 55 公里。

泥堡口附近的耒水，往远处上溯可以直达郴州

2017 年 5 月 21 日，虽然整个早上雨下得都很大，但天气预报说全天是阵雨，本以为雨下一会儿就会停，于是与郴州当地的朋友驱车来到了泥堡口这个令很多人神往已久的地方。徘徊在耒水畔，不禁令人感慨万千。一百多年过去，物换景移，李希霍芬看到的景物想必已经发生了巨大的变化。驮煤

泥堡口附近的永塘路

人走的小路已经不见了，河边已经修成了一条平整的柏油马路。在河边看到一块立于 1995 年的石碑，题为"永塘路序"，碑中写道："塘门口濒便江，距县城九公里之迩，物产丰饶。昔水运称便，货物通达，商贾云集，舟船辐辏，为永兴一大商埠，被誉为'小南京'。然陆路仅有羊肠小道，爬山越岭，疲极人力，世人皆叹行路难。近百年来，沿江筑路一直是道不完的话题，有识之士，曾几动其议，均囿于主客观条件而扼腕叹息。"所谓永塘路只是江永到塘门口的路。塘门口是一个镇的名字，泥堡口就在其附近。由《永塘路序》可见，李希霍芬当年看到的景象直至百年之后才发生了较大的变化。

昔日的"小南京"已经因耒水水运的衰落而逐渐衰落，如今仅剩几户人家在此居住了，对于一百多年前从此经过的那个德国人，早已没有人记起了。

李希霍芬离开耒水后，继续乘船沿湘江北上，自洞庭湖入长江到汉口，然后转入河南洛阳到山西晋城、太原、阳泉，再经河北正定到达北京，最后从天津返回上海。经过此次考察，李希霍芬提出"中国是世界上第一石炭大国！""山西一省的煤可供全世界几千年的消费！"并绘制了中国的第一张煤炭分布图。此外，他在考察了洛阳南关的丝绸、棉花市场，参观了山陕会馆和关帝庙后，在《关于河南及陕西的报告》等著作中，首次将"从公元前 114 年至公元 127 年间，中国与中亚、中国与印度间以丝绸贸易为媒介的这条西域交通道路"命名为"丝绸之路"。

1872 年，在近 4 年的时间里走遍了大半个中国之后，李希霍芬带着丰厚的调查成果返回了德国。他开始潜心整理和研究所获取的资料，很快学术和社会地位都青云直上，成为学界明星。

在西方文化的冲击下，古老的中国也在缓慢地发生着变化。1876 年，在李希霍芬离开中国 4 年后，中国土地上出现了第一条营业铁路，这就是从上海起到吴淞镇止的吴淞铁路。5 年后的 1881 年，在洋务派的主持下，清政府建成了唐山至胥各庄铁路，从而揭开了中国自主修建铁路的序幕。

随着铁路等现代设施的出现，国人逐渐意识到，科技带来的生产效率的提升是巨大的，有识之士的求变之心也在社会各阶层扩展。1896 年，清政府批准修建从华南到华中的粤汉铁路。但因耗资巨大，清政府不得不求助于外资。1898 年 4 月，清政府督办铁路的盛宣怀委托驻美"钦使"伍廷芳与美国美华合兴公司签订《粤汉铁路借款筑路合同》，由美华合兴公司包办路工，代建代管。同年，身为美华合兴公司总工程师的柏生士（Wm Barclay Parsons）奉命来华测量粤汉铁路沿线的地形地貌。

柏生士（Parsons，1859—1932）

就这样，在李希霍芬离开中国 27 年后，1899 年初，柏生士一行溯湘江而上进入湖南南部。1 月 24 日，柏生士一行进入耒水河口，5 天之后抵达郴州，2 月 5 日抵达湘粤边界，然后离开湖南进入广东。

柏生士一行所经之地与李希霍芬大致相同，只不过行进的方向正好相反。虽然过去了近 30 年，但无论是郴县和宜章县城、耒水和郴江，还是塘门口运煤的船和折岭古道的骡马和行人，他们与李希霍芬所见想必没有多大的差异。老百姓对于长相奇异的洋人充满了好奇心，柏生士所到之处，都会引发极大的轰动，百姓们从四面八方涌来围观，"士女环观，倾城空巷"。

湘南的行程给柏生士留下了深刻的印象，在 1900 年出版的《一个美国工程师在中国》(*An American Engineer in China*)一书中，他写道："我们在湖南勘察的最后一个重地是郴州，那里的郴江(原文为"yu-tan river")上有一座五孔拱桥，有风景如画的古老门楼，上面饰有木雕构件。人口数为 5000~8000，显然是个较为繁华之地，以前从这儿往南的折岭通道交通拥挤，使得郴州具有极大的重要性。"

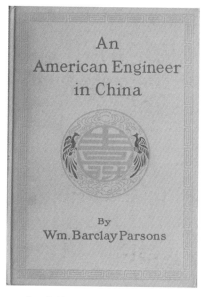

《一个美国工程师在中国》封面

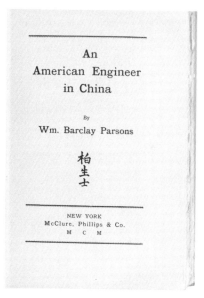

《一个美国工程师在中国》扉页

当年围观的百姓可能想不到，柏生士的来去将永久改变途经折岭的那条延续了 2000 年的骡马大道。粤汉铁路的修建困难重重，面临着政治、经济和工程等诸多方面的难题。其中最困难的就是从广东坪石到郴县穿越南岭的工段，这里重峦叠嶂，崎岖的山路为施工材料的运输带来了重重困难。时任粤汉铁路局长的陈毓英在自传中描述攻坚南岭时写道，"南岭多瘴气，瘟疫流行，常有工人病毙"，虽然"包工迭生困难，设备短缺，又遇疠病水灾，工人不服水土，时有死亡。但筑路员工有增无减，最多时每天总保持18万人的出工人数，终于促成任务提前完成"。

柏生士经行骡马古道
（图引自《一个美国工程师在中国》）

围观外国人的宜章百姓
（图引自《一个美国工程师在中国》）

从1896年算起，经过40年的艰苦努力，粤汉铁路终于在1936年8月全线建成。9月1日从武昌开出直达广州的第一趟列车。

在粤汉铁路全线建成以前，自湖南长沙至武昌徐家棚的湘鄂段早已于1918年9月建成开始运行。1930年前后，担任湘鄂铁路局局长的是郴县坳上村人李世仰，也就是李星学院士的二叔。

1899年的宜章县城
（图引自《一个美国工程师在中国》）

第二篇

朱森

从宜章到郴县，坳上村几乎是必经之路。清清的郴江水从村子旁边经过，村子的街道也是用青石板铺成的。坳上村已经有200多年的历史，村中的人家绝大多数姓李，祖先可以追溯到因避战乱而从太原迁居于此的李氏三兄弟。100年后的清末，李家的一支成了当地有名的中医世家，其中李启尧不仅中过秀才，而且子承父业，也是颇有名气的中医。因此，李家祖宅的规模在坳上村是数一数二的。

俯视坳上村，远处为厦蓉高速

李启尧号庚堂，娶同乡新丰村陈姓女子为妻，共育有五子三女，其中长子李世銮(后改名李飏廷)成年后考入了天津的北洋海军医学堂，毕业后大部分时间在铁路局的医疗单位工作；二儿子李世仰考入北平铁道管理学院，曾担任过湘鄂、粤汉铁路局局长。

李飏廷成年后娶妻东边与坳上隔着五盖山的大奎上村秀才朱锦文的女儿朱淑娴。除朱淑娴外，朱锦文还有四个儿子，其中二儿子名朱森，"幼年聪慧，而坚毅笃行，为常人所不及"。

中国科学院南京地质古生物研究所朱怀诚研究员(左)和王军研究员(右)
在坳上村考察时查看村中石板上的化石(两人均为李星学院士学生)

坳上与大奎上一个在五盖山西，一个在五盖山东，直线距离虽然不长，但崎岖蜿蜒的山路给山两边人们的来往带来了巨大的困难。朱淑娴回娘家需要雇两乘小轿，一乘自己坐，一乘给未成年的孩子。

李飏廷大学毕业初期曾在北洋海军舰艇上实习过，之后大部分时间都是在胶济、平汉、粤汉、叙昆及台北铁路局有关医疗单位服务。1927年，北伐胜利后，李飏廷曾任粤汉和平汉铁路医院院长，在汉口和长沙居住的时间较长。差不多与此同时，李飏廷的二弟李世仰也在湖南、湖北一带的铁路上服务，兄弟二人见面的机会很多。

坳上村中石板路上有很多海生生物
化石，比例尺右侧为珊瑚

坳上村中石板路上珊瑚化石近照

李星学故居

　　1924 年，李飏廷 22 岁的二舅子朱森考入北京大学地质系，与后来成为著名地质学家的黄汲清、李春昱、常隆庆和杨曾威等人同班，受教于葛利普、李四光、朱家骅等中国地质古生物学事业的启蒙者。

　　朱森字子元，出生于 1902 年 1 月 15 日，弟兄四人，排行第二。表面上看朱森与其他小孩子似乎没有什么不同，但他聪慧异常，而且"坚毅笃行，为

朱森故居

常人所不及"。1909 年，7 岁的朱森离开五盖山，到郴县县城入濂溪小学就读，四年后毕业。朱森随即返回大奎上老家跟随大哥朱品三攻读诗书，打下了很好的国学基础。

读书之余，按照父母的安排，朱森开始帮助打理家中事务，就这样一晃好几年，但继续读书的念头一直在心头萦绕。1918 年，朱森考入郴县第七联立中学，然而在该校待了一年，就因为受新思潮的影响，与几位同学带头响应"五四运动"而被学校除名。之后朱森做过一段时间的小学教员，然后又辗转到了省城长沙，聘请老师学习英语和数学等新式学科，并于 1920 年考入岳云中学三年级。

两年后的 1922 年夏，朱森从岳云中学毕业，随即赶赴北京报考北京大学，一试及格，考入理学院预科。在这里朱森认识了后来的地质系同班同学李春昱。在北大预科的两年中，功课十分紧张，朱森与同学相互鼓励、相互切磋研讨，进步很快。

1924 年夏，朱森进入本科地质系学习，一同入学的还有黄汲清、李春昱、杨曾威、常隆庆、赵华煦、蒋泳曾和尹效忠等总共八个人。然而两年之后，常隆庆、赵华煦、蒋泳曾和尹效忠相继休学、改科或退学，到毕业时只剩下朱森等四人了。

在北大地质系的四年之中，朱森与黄汲清、李春昱和杨曾威同处一室，他们一同跟随李四光学习岩石学与地质构造学，跟随葛利普（A. W. Grabau）学习古生物学与地史学，一同到北京西山进行野外考察或游玩，可谓朝夕相处，情同手足。

在二年级（1925—1926 年）的时候，刚从德国回来的朱家骅教他们班普通地质学，而四年级的浙江诸暨籍学生斯行健也常去旁听，一来二去斯行健就跟朱森和黄汲清熟络了起来。课余之暇，斯行健常到朱森和黄汲清宿舍里

1927 年北京大学地质系野外考察归来后留影，前排为 1928 届毕业生

（第一排左起：黄汲清、李春昱、朱森、杨曾威）

聊天。朱森和黄汲清桌子上放着很多矿物、岩石和化石，并都附有注明了学名和发现地的标签。这是他们利用周末休息时间自行去北京西山一带研究地质时采集的。这让身为学长的斯行健深感佩服，并"自己感觉惭愧，因为自动出去研究地质，在我们那几班同学是很少听见的"。

斯行健院士（1901—1964）

有一次，在清明节前五天，朱森他们商议要在清明节做一次地质旅行，由于坐火车不顺路而坐汽车又太贵，就商量着最好是骑自行车去。但当时他们中只有黄汲清一人会骑自行车，朱森便提议学习骑车，认为五天功夫足够了，"第一天只可以扶着走，第二天即不要人扶了，第三天我们便想去东安市场"。刚开始，大家都以为他太胡闹，但朱森却说"要想练习骑车，必定到大街上去"。于是他立刻回去取了 10 块钱，预备撞了人进行赔偿。岂料他们骑车刚出了校门就遇上一个下坡，朱森便摔倒在地，还碰掉一颗门牙。但他毫不介意，

拾起摔落的门牙装进口袋，回去洗了下脸，不听劝阻，又同大家一起骑车去了市场。第四天他们去了前门，到第五天，他们四人果然一起骑车到了西山，完成了预定的地质旅行。

1927年的夏天，朱森趁暑假回家期间，利用在学校刚刚学到的知识和技能，在家乡大奎上周边进行了地质考察和化石采集。朱森家的房子规模很大，是其爷爷两兄弟合作共建的。朱森爷爷家在左，门头上写着"婺源流长"；朱森爷爷的兄弟家在右，门头上写着"忠直衍绪"，似乎表明他们祖籍江西婺源，并对后代的品性做了期许。

大奎上处于一个相对封闭的山坳中，与远处高耸的砂岩构成的五盖山主体不同，这里的岩石以石灰岩为主，并因长期的水蚀、风化，形成了一个个孤立的山丘，颇有点桂林风景的味道。

在暑假，朱森除了进行地质考察，还带年仅10岁（生于1917年4月）的外甥李星学（原名李兴学）上山看石头，采集化石。李星学是李飏廷与朱淑娴的三儿子，其大哥早年病逝，二哥李兴万曾就职于衡阳铁路管理局，弟弟李兴汉曾在大连海军干校学习。

忙碌而充实的暑假匆匆而过，返校后朱森在葛利普和李四光等老师的指导下，对假期中考察的结果和采集的化石进行了研究，写成《湖南郴县瑶林之古生代地层及动物群》（英文）一文，第二年发表于《中国地质学会志》第七卷上。这次的家乡地质考察本是与同学李春昱的约定，然而李春昱却因为家乡有土匪未能完成。值得一提的是，朱森在1928年还在《中国地质学会志》发表了另外两篇英文文章，一篇是自己写的描述了两种产自华北石炭系的刺毛虫，一篇是与同学黄汲清合写的关于北京西山地区地质构造的。这无疑显示出朱森在科学研究和学术活动中的起点是十分高的。

在即将毕业的1928年4月，朱森与同学黄汲清、李春昱和杨曾威一道，跟随时任地质调查所所长的翁文灏赶赴热河北票矿区进行实地考察。在观察了北票矿区已知的地质概况之后，他们又赶赴台吉营子、尖山子东的石灰岩区进行考察研究，然后分为两队在翁文灏的指导下进行地质填图。朱森与李春昱一组测填杨树沟至南天门地质图，黄汲清与杨曾威一组，测填兴隆沟至桃花沟地质图。他们先用平板仪测绘地形图，然后绘地质图，用了10天左

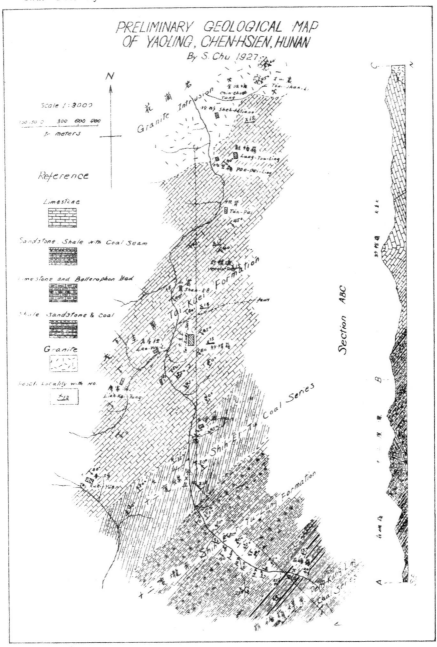

《湖南郴县瑶林之古生代地层及动物群》一文的插图

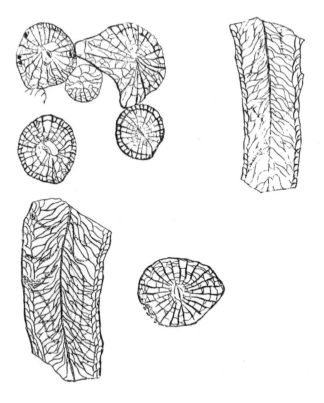

《湖南郴县瑶林之古生代地层及动物群》一文中描绘的珊瑚化石

右时间完成了北票煤田的 1∶25000 地质图。

此次行程的收获颇丰，翁文灏结合之前的调查完成了《热河北票附近地质构造研究》一文，将根据北京西山地区的研究提出的"燕山运动"进一步分为三期，形成了对"燕山运动"分期认识中最为流行的观点。

1928 年 6 月，经过考试，朱森和黄汲清等同班四人毕业了。在毕业前几天，朱森和黄汲清等毕业生到老师李四光家做客，吃冰激凌。在座的还有地质调查所所长翁文灏先生。在大家谈到毕业后的去向问题时，翁文灏首先欢迎他们去调查所；李四光则说，刚成立的中央研究院正在筹建地质研究所，他下年可能就要到上海去主持筹办工作，也希望他们加入；而朱森他们的另一个老师朱家骅已在广州中山大学任职，并创办了两广地质调查所，也来电欢迎他们班四人全去工作。当时地质学还是一个新生事物，学生的前途很难有保障。但当年一下子出现了两个新地质机构——中央研究院地质研究所和两广地质调查所，而负责人都是朱森他们的老师，并且对他们四个人的情况知道得很清楚。这样一来，不仅他们的工作问题都解决了，而且还有了很大的选择余地。就这样他们在李四光的家中，当着翁文灏的面，达成了初步意见：黄汲清和李春昱留在北京加入地质调查所，朱森跟随李四光前往上海加入地质研究所，而杨曾威则前往广州加入两广地质调查所。

1928年秋，黄汲清(后排左)与北京大学地质系同班同学李春昱(前排左)、朱森(前排右)、杨曾威(后排右)毕业时合影

　　7月中旬，翁文灏受好友、大律师林行规的邀请到其位于西山鹫峰寺的别墅度假。林行规的别墅在山坡上，水源缺乏，很希望翁文灏派人为他找水源。于是翁文灏就将这项任务交给了黄汲清。此时朱森接到老师李四光的信，说上海的新研究所尚无工作可做，让他可以先留在北京，在地质调查所找点活先干着。就这样，朱森和黄汲清一道，在鹫峰一带展开了1：25000地形地质图的填图工作。在野外时，他们或住在山脚的鹫峰寺，或住在山上林先生的别墅里，有时又搬到南面的大觉寺。七八月间正值北京天气最热的时节，受山上紫外线影响，朱森和黄汲清面部被晒得黝黑，但心情却非常舒畅。有时林行规的夫人邀他们吃晚饭，有时他们自己杀鸡烹鱼，改善生活。饭后吃西瓜，和寺里人摆龙门阵，一天的疲劳全消。有两次他们高兴，摆开携带的望远镜，向当空的圆月观察，第一次发现月球表面大小"火山坑"大量出现，令他们惊奇不已。他们通过调查确认，羊坊花岗岩是一个大型岩床，和上覆的髻鬐山火山岩是侵入接触，二人也将他们的发现写成上面提到过的论文。为了向林律师交差，他们还写了一份水文调查报告，指出在哪些地段可以打井，找花岗岩裂隙水。

8 月中下旬，朱森就要启程前往上海了。同窗四载，朱森和黄汲清是最好的朋友，临别之前，惜别之情充溢在两个人的心间。在赠给朱森的一本书的扉页上，黄汲清写下了一首打油诗：

四载相亲甚弟兄，登山涉水总相从。

何堪一旦别离去，谈天说地谁与同。

男儿立志多雄风，等闲总统鄙富翁，

但愿脚踏额非尔士之顶峰，痛饮帕米尔高原之晴空；

云横秦岭家即在，巫山巫峡乐无穷。

暂别莫效儿女哭，他年天涯海角，海角天涯总相逢。

相逢再话燕都事，那时切莫忘了

汽水一瓶，啤酒一盅。

诗虽打油诗，但字句之间充满了好朋友的真情和对于家国事业的豪情。

离开北京赶赴上海，朱森跟随老师李四光开启了自己的地质古生物学研究事业。在随后的工作中，朱森的足迹踏遍了大半个中国，例如，跟随李捷考察鄂北豫南秦岭段地质，写成《秦岭东部地质》一书；跟随李四光研究南京附近地质，并与李四光合著有《南京龙潭地质指南》(1932)，而宁镇山脉地质图之南京、汤山、茅山、栖霞山与龙潭各幅，都是朱森测制的。根据对南京周边地质的考察和化石研究，其完成的《金陵灰岩之珊瑚类及腕足类化石》(1933)一书，是研究中国石炭纪地层的巨著。

为了系统地了解南京周边地区的地质情况，李四光利用地质研究所所处位置的便利，从 1931 年到 1933 年就开始积极筹备，并开展了一些前期工作，系统的野外调查则是在 1934 年进行的。参加此次工作的，以李捷和李毓尧等几位前辈学者为主，但当时朱森年轻好学，全力以赴，承担了很多重要工作，独立编制了"南京幅""汤山幅"地质图和"宁镇弧形山脉西段地质"报告，对其他地质图幅和论著章节的编制他也付出了不少劳动。这些调查研究成果在他游学期间汇集成《宁镇山脉地质》一书，于 1935 年问世。《宁镇山脉地质》是当时我国区域性地质研究工作的一项重要成果，它对我国类似工作研究水平的提高起了很大的促进作用。

1928 年李四光与北大地质系毕业生等合影
（左三朱森，左四李四光，右三黄汲清）

1932 年李四光与朱森合著的
《南京龙潭地质指南》封面

　　1931 年 5 月，中国地质学会第八届年会在南京中央大学举行，全国的地质专家会聚一堂。由于在此之前，在李四光的带领下，朱森、叶良辅、李捷、喻德渊、刘祖彝等专家在宁镇山脉开展的调查和研究十分引人注意，所以参会者也借此机会参加了几天的地质旅行，在朱森的积极指导下，大家学到了很多东西。朱森在会上做了大报告，同时做报告的还有留美归来的、时任中央大学地质系教授的李之常。朱森和李之常对宁镇山脉地质构造的看法存在很大的不同，但朱森的看法是基于他们对地层的详细划分和对比，是有全地质研究所人员的成果做后盾的，而李之常教授的成果则根据不足。因此，参会者包括老同学黄汲清在内都对朱森的报告大加赞赏，而对李之常的报告表示不信任居多。

　　在野外地质旅行期间，黄汲清和朱森一道从黄马青向南，翻越紫金山，下到灵谷寺，切穿了一个中生代剖面。由于他们跑得快，敲得勤，工作量很大，因此体力消耗也很大。最后一天出发前，朱森竟然昏倒在了地上。最后

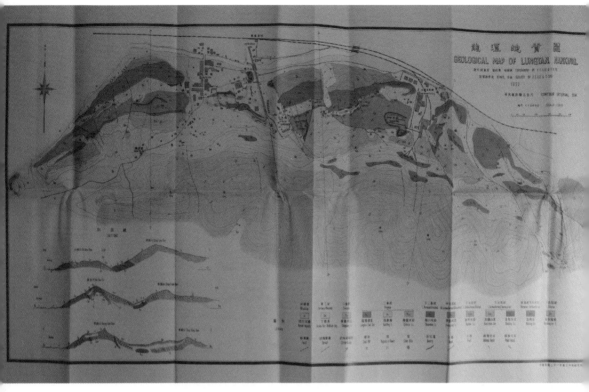

1932年李四光与朱森合著的《南京龙潭地质指南》所附的龙潭地质图

是他们的学长兼地质研究所的同事刘祖彝将朱森送入医院，并主动为他输送了400毫升鲜血。

朱森的家乡郴县位于横亘于湘、桂、粤、赣交界地带的南岭（又称五岭山脉），南岭在地理上是一条明显而重要的南北分水岭，但地质学上的情况就需要深入研究了。为了解决"南岭何在"的问题，1932年12月至1933年6月，李四光率领地质研究所的中、青年地质学者6人，亲临南岭脚下，组成3队，分别自北往南，横穿南岭进行地质调查。朱森走的是由湖南武冈经城步，穿过南岭最高部位的越城岭到桂北龙胜少数民族所在地区最艰苦的路线。此次行程沿途几乎无路可走，需要翻山越岭。一路上人烟稀少、猛兽横行，每天的食宿十分困难，吃不好也睡不好，从而导致朱森患上了胃病，这对他后来的早逝不无影响。但朱森对待工作一直兢兢业业，唯恐有疏漏之处。此次考察的成果十分丰硕，主要体现于《自湖南武冈至广西柳州之地质》一文和一幅细致的《南岭中、西段地质图》中。这一重要工作，被老师李四光等称赞为了解南岭地质的起点。

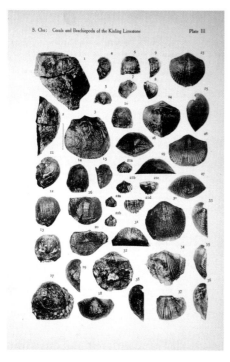

朱森代表作《金陵灰岩之珊瑚类及
腕足类化石》中的化石图版

朱森代表作《金陵灰岩之珊瑚类及
腕足类化石》封面

　　因工作出色，1932年6月老同学黄汲清被选派到欧洲留学。由于要从上海乘船西行，黄汲清趁在上海逗留期间，拜访了中央研究院地质研究所的老师李四光和同学故交。李四光非常热情地接待了自己的这位优秀的门生，并于当晚在功德林素食餐厅宴请了黄汲清，作陪的有叶良辅、李捷、孟宪民、朱森、喻德渊、刘祖彝等，都是老熟人。大家志趣相投，开怀畅谈，谈欧洲地质学的发展情况，谈大学地质系的优劣情况，谈阿尔卑斯造山带的研究情况等。第二天，黄汲清又专门拜访了同班最要好的同学朱森，并在朱森家吃便饭，和朱太太及他们的大女儿朱福琳一同聊天，亲如一家人。后来刘祖彝也来到朱森家，虽然"老刘"比朱森年长2岁，而且为人心直口快，但很尊重朱森，与黄汲清一样都喊朱森"子元"。

两年之后的1934年秋，朱森得到了中华文化教育基金会的资助，赶赴美国纽约，进入哥伦比亚大学（Columbia University）跟随约翰逊（D. W. Johnson）研习地文，跟随G. M. Kay攻读地史。那时的朱森对于知识可以说如饥似渴，在暑期又前往耶鲁大学（Yale University）跟随苏克塔教授（Ch. Schuchcert）研究古生物。因为朱森在国内经过长期的实践，已经打下了很好的基础，所以在名师的指点下，两年的时间，其已经达到了很高的学术造诣。朱森根据随身所带的材料，撰写了《南京山岭地文史》一文，作为硕士论文进行答辩。指导教师原本不打算接受他的申请，但等看到了朱森完成的整套《宁镇山脉地质图》后，大为赞赏，态度立即改变。朱森最终于1936年1月获得了硕士学位。

朱森到美一年后的1935年10月的一天，老同学黄汲清从德国乘船横渡大西洋也来到了纽约。与最好的朋友在哥伦比亚大学相见自然喜出望外，有说不完的话。朱森介绍黄汲清与在哥伦比亚大学专攻经济学的吴半农会面。三人在一起交流学习经验，同用午餐，相交甚欢。

纽约是世界第一大城，巨厦摩天，车水马龙，令人眼花缭乱。朱森与黄汲清偕行共游曼哈顿，登帝国大厦，观纽约自然博物馆、动物园和其他名胜。他们漫步在赫贞江边，在华盛顿大桥上享用自备午餐，还喝了一杯啤酒，感到非常高兴。

经过朱森的引荐，黄汲清认识了约翰逊教授，并请求考察了解阿巴拉契亚山的地貌特征。为了满足客人的要求，约翰逊派了他的一名得力助教，带领朱森和黄汲清，用整整一天的时间，考察了几处准平原、峡谷和有名的水口及风口。地貌学是由戴维斯（W. M. Davis）教授创立，约翰逊教授是戴维斯教授的高足，他在其师的基础上进一步做了研究，使地貌学成为地质学上的一门独立学科。在中国，叶良辅被认为是中国地貌学的开拓者，但并没有专著。朱森受教于约翰逊，应当说是最适当的继承人，然而他去世过早，也没有专著发表。

作为一位具有丰富野外经验的地质学家，朱森非常注重野外观察，在国内已经踏遍了十多个省。朱森到美国求学，并非为了一纸学位，而是为了获取真正的知识，并学以致用，以报效祖国。老师李四光在给他的信中也亲切地说："弟不甚强健，切盼不要太用功致损身体。将来研究之机会正多，学位等问题亦不过世间俗套，切不可太认真也。"

不久老师李四光带着全家从英国来到美国，当他们到达纽约时，早已得到消息的朱森与吴半农前往码头迎接。在船快要靠岸的时候，朱森兴奋得"像一个小孩子看见久别的大人一样"。李四光在纽约待了四天，朱森差不多寸步不离地陪伴着他。这令著名学者吴半农对他们的师生之谊感动不已。

考虑到远渡重洋，花费很大，既然已经学到了知识，也得到了文凭，再在美国待下去也没有多大的意义了。在离开美国之前，为了弥补在美读书期间未能漫游北美考察地质的遗憾，朱森与同在美国留学的张更合伙购买了一辆汽车，花了两周时间学习和练习汽车驾驶。考领了驾照之后，他们于1936年7月从纽约出发，开始了长达两个月的考察之旅。他们穿越阿巴拉契亚山脉（Appalachian）、瓦萨奇山脉和黄石公园等地，跋涉一万七千多公里，对美国的地质概况有了大概的了解。当时中国在美国留学的人并不在少数，但能够像朱森和张更那样深入美国乡野，进行实地考察的可谓凤毛麟角。

在美国考察结束后，朱森随即赶赴英国。10月5日，朱森抵达伦敦，先是参观地质调查所与陈列馆，然后到格拉斯哥（Glasgow）访贝勒（E. B. Bailey）教授，由其介绍与指导，花了两周的时间考察了苏格兰西北部的高地构造（Highland Structure），然后经由比利时到达德国，搭车前往德国南部会见了正在进行野外工作的老同学李春昱。

自古以来，他乡遇故知都是人生最高兴的事之一，朱森与李春昱在异国他乡把酒言欢，在弗兰肯林中共同野餐，讨论遇到的地质现象和发现的问题，一夕之间，他们似乎又回到了在北京大学的学生时代。11月7日，朱森返回波恩（Bonn）学习德文，然而，到达波恩后不久，朱森前些年落下的胃病突然发作，在医院住了一个月才痊愈。在住院期间，朱森依然利用一切可以利用的时间，苦读如故，丝毫不考虑自己还在病中。

之所以选择待在波恩（畔城），是因为这里有一个名叫克罗斯（H. Cloos）的教授开创了地质学中的一种新研究方法，朱森慕名特意跟随克罗斯学习。

当时在波恩的中国人很少，熊伟就是为数不多的一位，他与朱森朝夕相处，情同手足。朱森与克罗斯教授见过一两次面之后，本打算正式缴费入学，而克罗斯教授通过几次谈话，认识到朱森是非常之人，遂决定不用他缴费，而且还特意为他准备了一间实验室，一切图书设备都任由朱森使用。克罗斯教授不仅将朱森视为学生，将自己的所学倾囊相授，而且在研究讨论之余，还将自己遇到的问题也告诉了朱森，并请他去观察和解决。朱森将自己的研究用英文写成报告交给克罗斯看时，克罗斯教授非常赏识朱森的结论，并将其中一部分让自己的助教译为德文在德国杂志上发表。

1937 年春，朱森到柏林跟随史蒂勒（H. Stille）学习和考察，搜集中国已有的地质资料，并将其与欧洲造山运动进行了比较，写成《中国造山运动》（Orogensis in China）一文。同年夏天，朱森参加了在莫斯科举行的第十七届世界地质大会，并宣读了《中国造山运动》一文。除了朱森，老同学黄汲清代表中央地质调查所也来到了莫斯科，加上一同在欧洲留学的李春昱，大学同班毕业生的四分之三又在异国他乡相聚。同来参会的还有翁文灏、裴文中和在英国留学的丁骕，翁文灏任中国代表团的首席代表，会时被安排在主席台上。

会后，朱森和黄汲清一道参加了"二叠系旅行"，他们又有机会互相切磋、互相照顾了。在莫斯科停留期间，朱森和黄汲清一同参观了莫斯科大学，游览了有名的红场，瞻仰了列宁的遗体。苏联政府在克里姆林宫举行盛大宴会，招待各国地质界人士，朱森和黄汲清因而有机会全面参观克里姆林宫，并有幸目睹了沙皇和皇后们佩戴的珠宝、钻石。

会议结束后，8 月初，朱森从苏联前往瑞士，考察阿尔卑斯山脉的构造。在此期间，日本大规模入侵中国的消息传到欧洲，朱森爱国情切，忧心如焚，十分着急想回国效力，于是就托李春昱帮忙购买船票。由于当时欧洲往返中国的航次很少，在等船期间朱森就暂住在格勒诺布尔（Grenoble）学习法语。10 月初，李春昱又从英国来看望老同学，他们一同游罗马，攀登维苏威火山（Vesuvius），然后到热那亚（Genoa）搭船经红海过印度于 11 月 9 日抵香港。朱森在香港仅逗留了两天，就搭车返回大奎上老家，探望数年未见的七旬老母。

年底，朱森前往省城长沙又见到了因日寇入侵而随所迁到长沙的老同学黄汲清，也见到了黄汲清新婚不久的妻子陈传骏。在长沙，朱森和黄汲清一同游览了岳麓山公园，自然也少不了到岳麓山响鼓岭西向半坡中的丁文江先生墓地凭吊一番。

朱森游学欧美，见识了欧美的名山大川和地质构造，结识了各国著名地质学家，学术水平自然是百尺竿头更进一步，越发地炉火纯青了。回国之后，朱森本打算继续在地质调查所进行实地考察和研究工作。然而由于日寇的入侵，地质调查所已经由南京先是搬到庐山，继而搬到了桂林，而且经费十分紧缺。而就在此时，重庆大学新创办了地质系，缺乏高水平的教师，校长胡庶华得知朱森游学归来，自然是求贤若渴，向朱森抛出了橄榄枝。同时朱森也感觉到中国十分缺乏地质人才，需要大规模人才培养，于是在得到老师李四光的同意后，于1938年1月携带家眷赶赴重庆，开始了教书生涯。

朱森本来并不是一个善于表达的人，很多人都担心他上不好课。但朱森凭着顽强的毅力，不断克服自己的缺点，一年之后成了备受学生爱戴的老师。之后，朱森成为系主任，主持系务。在朱森的大力推动之下，地质系的学生都十分热爱学习，学习成绩也突飞猛进，一时之间，重庆大学地质系大有超越一些老牌大学地质系的架势。

在勤于任课和系务之余，朱森于假期中依然不忘野外考察工作。1939年3月上旬，朱森和吴景桢趁假期带领中央大学和重庆大学的学生，到嘉陵江三峡区进行了地质实习。同年夏天，朱森与吴景桢和叶连俊一起调查了四川北部龙门山的地质。1940年夏，朱森与任绩等研究了四川北部灌县和彭县的地质。1941年3月下旬，朱森率领邓玉书以及地质系三年级的学生李星学、陈厚达、谢庆辉、周泰昕、黄声求、刘多钦等到南川进行实习，在一个多月的时间里，他们对考察地区的地层做了详细划分，采获丰富的标本。4月29日，朱森和邓玉书在南川砚石台煤矿联名写信致《地质论评》简要介绍了他们在野外的工作情况以及考察收获。但由于教学任务繁重，这些调查结果大部分没有得到系统整理和发表。

朱森对待野外工作的态度极为严谨。助教吴景桢在回忆随朱森到龙门山工作的情况时说："先生为了工作，往往忘记了自己，他带我们工作的那种冒险精神，陈述起来有时令人咋舌。不论前方有路无路，就是到了危险地方，只要有重要的地质现象，他的意见就一定是'冲上去'。这一带山势非常凶险，但先生见了却喜形于色，认为这里的地质构造之复杂不亚于世界闻名的阿尔卑斯山脉的昂白山，值得好好调查。先生往往首先攀着短树枝丫或荆条直上陡崖，在峭壁的树根上歇气时，他还把这种爬坡称作是'爬喜马拉雅山的初步练习'。有一次，在野兽常出没的地方，大家吆喝着前进，曾见一只老虎甩尾而过。最后，我们总算平安地完成了工作。"

1941 年夏，中央大学地质系主任李学清辞职，于是校长顾孟余想聘朱森主持系务。考虑到重庆大学地质系学生的学业，再加上老师李四光曾劝他说那里派系纠纷复杂，不是耿介不阿的朱森所能应付的，所以最初朱森并未答应顾孟余的延聘。后来由于请到了著名古生物学家俞建章前去主持重庆大学地质系，朱森才答应了中央大学的邀请担任地质系主任，由于当时两个学校都位于重庆沙坪坝，所以他依然在重庆大学地质系兼课。

在此期间朱森依然在利用一切机会进行野外调查。9 月 18 日，李四光收到了朱森写给自己的信，陈述了自己在调查过程中改变计划的原因："揆师尊鉴：出发西来后自成都奉上一函陈述因交通困难及时间关系改在灌县一带工作，不识已述吾师否。"

然而，朱森到任之后不久，由于他夫人误多领了五斗平价米而被人诬陷，教育当局不顾申辩，竟下令对其进行处分。平时为人正直而又洁身自好的朱森陷入极度的悲愤，遂导致老毛病胃病发作，发展至溃疡穿孔，最后转成了腹膜炎。1942 年 1 月 14 日，朱森被送入李子坝武汉疗养院，经过多次诊断决定于 17 日下午 2 时施行手术。手术进行得比较顺利，只是朱森身体十分虚弱，且胃中脓水不干，经过数次输血后，身体才渐渐有了起色。随着天气逐渐转暖，4 月 1 日朱森被转移到歌乐山中央医院，进行异地疗养。虽然他已经恢复到能够自行走路，但高烧一直不退，脓水依旧不干，于是不得不采纳医师的建议，于 6 月 22 日再次进行手术。谁知道，开刀之后病情竟然迅速恶化，7 月 6 日朱森溘然长逝，享年仅 40 岁。

在最后的半年中，虽然朱森大部分时间是在病榻上度过的，但他对学生的课业依然十分关心。因为四年级的学生即将毕业，而古生物学一课耽误得比较多，所以朱森十分不放心。在最后一次手术两天后的 6 月 24 日，时任中央大学教务长的童冠贤到歌乐山去看他时，在谈话中朱森又约好中央大学四年级学生到歌乐山去听课。他躺在病床上给他们讲解，教他们研究读书的方法。

朱森是一个沉默寡言的人，生平不苟言笑，刚认识他的人都觉得他对人比较冷淡，但是相处久了，就知道他其实十分古道热肠，而且熟人之间也是可以开玩笑的。朱森没有什么不良嗜好，不吸烟也不饮酒，为人正直诚恳。重庆大学校长胡庶华曾委托朱森帮助自己买房子，买主本打算给其一笔酬金，但他却坚决不肯接受，并且说如果非要让他接受，他就不给签字了。最后，这笔酬金全部交给胡庶华了。

朱森的外甥李星学当时正在重庆大学地质系读书，本想申请补助，却被他严词阻止，因为外甥家境还算不错，完全有能力支付学习期间的费用，应该把那些钱补助给家境贫寒更有需要的学生。朱森早年曾在家帮助操持家务，成家之后，这些事自然是难不倒他的。朱森夫人自种蔬菜，以节省开销，吃的穿的朱森也都不怎么讲究，唯以读书和研究为乐。

朱森死后被临时葬了重庆小龙坎四川省地质调查所所在的山麓。朱森之母，也就是李星学的外婆当时已经 76 岁了。朱森 17 岁结婚，与夫人李言淑共育有一女五子，女儿名福琳，五个儿子分别是鼎甲、福量、振华、衡霞和衡英，死时最小的儿子尚在襁褓之中。

《四川南川西南部地质》是朱森未能完成的一部著作，材料主要来自他1940 年和 1941 年率重庆大学地质系学生邓玉书等到南川野外实习时所得，其中有关地层古生物方面的资料特别多。朱森逝世后，1943 年春，中国地质学会第十九届年会的会后地质旅行，特地选定他研究过的"三汇场至丛林沟的古生界剖面"为主要考察对象。旅行前，中央地质调查所的尹赞勋带领朱森的外甥李星学等先到现场复勘了一遍，并写成《南川地质旅行指南》一册。为纪念朱森的工作，在该册的扉页上，尹赞勋特写了一段感念至深的话："……去岁秋，编者赴南川，参照朱先生之笔记本，复勘三汇场、丛林沟等剖面，深佩（其）观察之精密，记录之详尽，几不能赞一辞。……此次地质学会之会后旅行，前往南川，观赏先生最后成熟工作之一，实不啻一 Pilgrimage

1946年（民国三十五年）6月《人物杂志》
第五期刊出的《朱森教授之死》一文

也。"这段话真切地表达了当时我国地质学人对朱森严谨工作作风的赞赏与怀念之情。

朱森之逝，在重庆各界引起了极大的震动，7月18日重庆《新华日报》刊登《论朱森教授之死》的社论，表达了对教育当局粗暴做法的不满。李四光在桂林也为此接见新闻记者，发表了严正的谈话，称"朱先生死后……还要受气，更是太不像话"。1942年12月25日，在朱森去世近半年之后，"有关单位在中央大学七七抗战大礼堂为朱森教授召开追悼会，全场四壁满悬挽词帐幔，直达礼堂门外。许多人泣不成声，悲痛之情弥漫全场"。

在多年的共事过程中，李四光非常了解自己的这个学生兼部下，认为朱森为人正直，既富有实际精神，又具独立见解，是学生中最有希望的一个。朱森死后，师友纷纷写诗著文进行纪念，如李四光的《悼子元》和翁文灏的《悼朱子元》。其中，李四光在诗中写道："崎岖五岭路，嗟君从我游。峰峦隐复见，环绕湘水头。风云忽变色，瘴疠蒙金瓯。山兮复何在，石迹耿千秋。"此外，李四光在给地质研究所兼任研究员的刘祖彝的一封信中写道："子元已矣！我的思想太乱，一切不知从何说起，我只能想到他平时对我说话诚挚，及对我微笑的样子，其他都不堪设想了。"这些都充分体现了他们的师生之谊和对科学的追求。

朱森去世一个月后，李四光在《中国地质学会志》上发表了一篇《朱森蜓，蜓科之一新属》的文章。文中说："这个新属名，是为了纪念已故的朱森教授而命名的，特别是为了纪念他在中国地层学上有重要的贡献。"

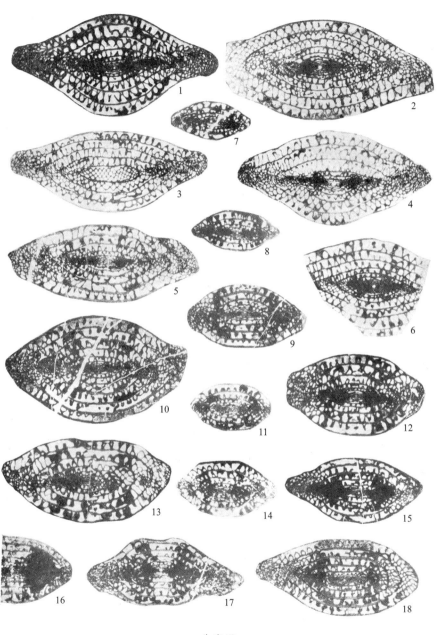

朱森蟦

● 一个小插曲

　　1928 年，在朱森到上海的时候，在广州中山大学担任了两年古生物学科老师的学长斯行健在朱家骅的帮助下，前往德国开启了五年的欧洲留学生涯，先后跟随德国的高腾和瑞典的赫勒研习古植物学。

斯行健 (后排左三) 在英国剑桥大学参加第五届世界植物学大会 (1930 年 9 月)

斯行健院士 (二排左一) 与高腾教授 (前排左三) 等出席国际植物学大会在
英国曼彻斯特野外考察时合影 (1930 年，孙革提供)

1933 年夏，斯行健在黄汲清的劝说下从德国回到南京。在刚建成投入使用的中央研究院地质研究所（现中国科学院南京地质古生物研究所大楼）会议室中，斯行健为所中同仁讲欧洲各地质机关的近况。其间，学弟朱森突然站起来，极力劝斯行健不要刚回国就去教书，"应多做些实地工作，野外调查。"而且"词正义严，侃侃而谈"，一时之间让斯行健"当时面红耳赤，无话可答"。但由于当时已经接受了清华大学的聘书，在等李四光野外考察结束返回南京，商得其同意后，斯行健即北上清华任教去了。

然而，在教书过程中"总是心猿意马，意志不定"。在清华待了一年后，斯行健又改就北大教职。然而，在北大待了三年后（1937 年），斯行健最终辞职南下，在中央研究院地质研究所专心做起古植物学研究来。

1936 年北京大学地质系毕业生欢送会
（二排右起：金耀华、郁士元、何作霖、谢家荣、葛利普、
斯行健、高振西、王嘉荫、赵金科。四排右四为王鸿祯）

随着日寇的大举入侵，中央研究院地质研究所只得在 1937 年底由南京迁往了桂林。由于战争的关系，研究所的经费极度紧张，部分技术人员被迫借调到有关学校和机关，朱森去重庆大学地质系，俞建章、张更去中央大学

地质系，叶良辅去浙江大学地质系，许杰去云南大学。但斯行健却一直待在所里，在桂林的七年时间里，他除了自己的古植物研究，还在广西、江西和福建等地做过几次野外调查，采集了一些研究用的标本。1944 年，强弩之末的日寇发动了最后一波攻势，一度威胁到了桂林，斯行健随同老师李四光等经贵阳暂住后最终抵达了战时的首都重庆。

1938 年斯行健在桂林

斯行健(右一)，李四光(中)，
斯行健夫人(左一)，李四光夫人(左二)

在重庆，由于中央研究院地质研究所几乎一无所有，斯行健只好暂时在经济部中央地质调查所利用那里相对丰富的资料进行客座研究。也正是在这里，斯行健成了朱森外甥李星学古植物学研究的领路人。

第三篇

李星学

在跟随二舅朱森上山看石头之后不久，李星学就和母亲一起跟随父亲到汉口，开始接受正规学校教育，先是就读于汉口江岸的扶轮小学，但由于父亲工作的变动，未能在此完成小学学业。1932 年至 1935 年，李星学又分别在汉口私立雨湖中学和武昌博文中学就读，完成了初中学业。

1935 年，李星学随父亲来到长沙，考入著名的雅礼中学读高中。雅礼中学最初是由美国耶鲁大学热衷于海外事业的少数毕业校友创办的，初名"雅礼大学堂"。"雅礼"为"Yale"的音译，同时也暗含《论语·述而》中"子所雅言，诗、书、执礼"的寓意。雅礼中学非常重视科学教育，专门修建有科学馆。在科学馆的墙上挂有许多著名科学家的头像。

在雅礼中学上高三时的
李星学，时年 19 岁

1937 年，李星学在长沙雅礼中学

1936 年 1 月上旬的某个上午，学生们突然发现科学馆的墙上本全是外国科学家的头像中多了一个中国人的面容。后来据老师介绍，这个中国面孔就是刚刚于 1 月 5 日在湘雅医院去世的中国地质古生物学事业的主要开创者之一的丁文江。

丁文江(1887—1936)是中国地质事业最重要的奠基者之一，祖籍江苏泰兴黄桥，少年天才，备受县令龙璋先生的赏识，遂鼓励其负笈日本留学，年

1933 年，丁文江与葛利普、章鸿钊、翁文灏、德日进、杨钟健、孙云铸、计荣森等合影

方 14 岁。在日本过了一年多与很多留日学生一起"写文章、谈革命"的生活后，丁文江旋即在 1904 年赴英国留学，最终于 1912 年从苏格兰格拉斯哥大学毕业，获地质学和动物学两张文凭。

丁文江像

邮票上的丁文江

地质调查所时的丁文江

丁文江怀着对祖国深深的热爱，返家途中先至云南，然后一路东行进行地质和人类学考察，身体力行地破除李希霍芬对于"中国读书人专好安坐室

内，不肯劳动身体，所以他种科学也许能在中国发展，但要中国人自做地质调查，则希望甚少"的断言。丁文江不仅与章鸿钊和翁文灏先后创办地质研究所培养人才和地质调查所进行地质调查，而且多次进行大规模实地考察，并帮助蔡元培为北京大学地质系引入国际著名地层古生物学家葛利普和年轻才俊李四光，还创办各种专业刊物，如长期担任《中国古生物志》的主编，为中国地质古生物事业的早期发展立下了汗马功劳。

1936 年初，时任中央研究院总干事的丁文江到湖南湘潭一带进行煤矿调查时，因煤气中毒以及随后的医治不当而不幸去世，年仅 49 岁。丁文江去世后就地安葬在了岳麓山的后山山坡上。作为中国地质学最重要的奠基人之一，丁文江在整个科学界以及文化领域都有着巨大的影响，丁文江死后引起了全社会的巨大反响，各种媒体对其做了大量的报道和介绍。

李星学在雅礼中学读高中期间，学习到了很多先进的科学知识，这为他日后选择终身从事的科学事业埋下了种子。1938 年秋，在朱森受聘任职于重庆大学地质系半年后，外甥李星学考取了同济大学医学系和金陵大学物理系。在举棋不定之际，在二舅朱森的极力劝说和介绍下，李星学进入重庆大学攻读地质学。当时正值抗战时期，国内烽火连天，人们的生活陷入了巨大的困难，有一方宁静的书桌是何等的幸运。李星学在学校内抓紧一切机会学习数理化等基础课和地质、岩矿、古生物、地史等专业课。

在校期间，李星学先是由二舅朱森和吴景祯介绍加入了中国地质学会，1941 年 3 月又以中国地质学会会友的身份参加了中国地质学会第十七届年会，会后与黄声求、谢庆辉、刘增乾等学生会友参加了华蓥山地质旅行。随后他在指导老师李春昱的指导下，完成了《川陕交界区大巴山东段的地质考察》的毕业论文。

1942 年夏，李星学从重庆大学地质系毕业，抱病在身的二舅朱森欣喜地在其大学毕业纪念册上写下了"吾道有传矣"作为寄语。

李星学的毕业照

毕业后，李星学考入了国民政府经济部中央地质调查所，任练习员，充作尹赞勋的助手，继承了二舅的遗志。

《南川地质旅行指南》封面

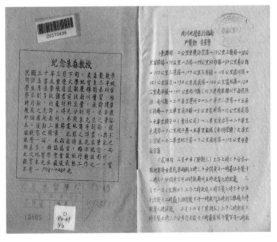

《南川地质旅行指南》内文

1943 年，李星学在野外度过了大部分时光。除前面讲过的作为中国地质学会第十九届年会野外线路"南川地质旅行"领队尹赞勋先生的助手，三次前往南川进行复勘等准备工作外，1943 年 5 月至 12 月，李星学还跟随著名地质学家边兆祥到贺兰山进行地质调查，采集了一批植物化石（后与老师斯行健合作研究发表）。10 月中旬，在"遥念重庆也不过新雾初起"中，李星学写下了踏上贺兰山缺的工作经历和"胡天八月即飞雪"的感受，这篇题为《踏上贺兰山缺》的短文发表在了当时著名的《东方杂志》上。

贺兰山位于宁夏境内，呈南北走向，大约与黄河平行。贺兰山南北长东西窄，长约 220 公里，东西宽（即所谓厚度）仅 20~40 公里，山峰的平均高度为 2000~3000 米。从山东穿行到山西只需一两日即可完成，但山前后的堆积平原布满了砂土小石块，走起来令人十分头痛，常常还会把爬山鞋的钉子全都弄坏。

古老的贺兰山中人烟稀少，常常百十里内没有任何住户，有时到日头下山，李星学他们还没有找到住宿之所。有一次，李星学在黑夜中摸索到九点

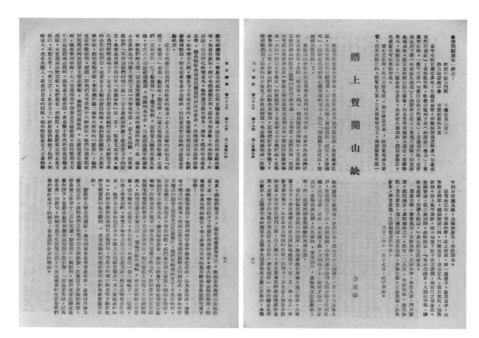

《踏上贺兰山缺》

多钟方找到住处。而同行的边兆祥一次走错了路，搞到晚上十一点才遇到一个蒙古包。想一想在莽莽的群山之中，耳边响着西北朔风的怒号，就着惨白的月光和颤抖的寒星，一个人孤独地跋涉着，当是怎样一种感受——当然，事后想起似乎是足以自豪的谈资。

年底，在完成了宁夏的地质矿产调查后，李星学和边兆祥于 12 月 31 日在冰雪交加中从银川回到位于兰州的中央地质调查所西北分所。此时已是深冬，降雪导致道滑路险，无法直接回重庆。过了春节之后，1944 年 2 月，李星学他们搭乘西北石油公司的运油卡车离开兰州，返回重庆。

虽然春节已过，但西北的气温仍然很低，特别是在海拔较高的山区路边依然有积雪和冰冻。在经过了兰州至天水中间的华家岭后，距离通渭县城不远处有一个"之"字形拐弯兼陡坡，因为路面结冰，车子因为侧滑差点翻下深沟，好在被路边的挡险石所阻，最后在大家齐心协力的推拽之下，才有惊无险地脱困离去。

1944 年，李星学在重庆开始跟随在所里进行客座研究的斯行健学习古植物学，从此走上了古植物学研究的道路。

当时中央地质调查所的年轻人很多，李星学与来自广东番禺的陈康同住一室，成了无话不谈的好朋友。1944年4月，陈康跟随许德佑在贵阳参加完中国地质学会第二十六届年会后，前往黔西的盘县、普安、晴隆一带进行考察。不承想，4月24日，陈康和许德佑，以及年仅26岁，精通中、英、日、俄、德、法6国语言的才女马以思，在普安罐子窑附近惨遭土匪杀害。消息传来，举国震惊。中央地质调查所随即命令同在黔西考察并与许德佑等有过交集的侯学煜负责惨案经过的调查和相关善后事宜，同时致电贵州省及中央相关部门，追查相关人员的责任。

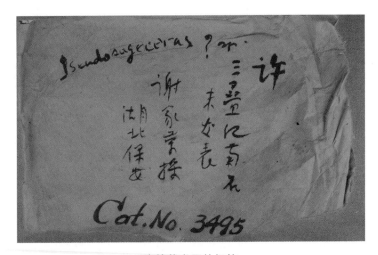

许德佑书写的标签

许德佑 (1908—1944)　　　陈康 (1916—1944)　　　马以思 (1919—1944)

李星学得知好友不幸去世后，担负起了陈康有关遗留学术资料的整理工作，在《地质论评》发表了陈康的遗作《广东连县广西系动物群之发现》，并写了一篇情深意切的纪念性文章《陈康先生传》。在《陈康先生传》中李星学回顾了陈康短暂的一生和主要学术贡献，并简要陈述了他们之间的友谊。陈康去世时年仅 29 岁，本计划此次野外考察后就与交往了七八年的同乡陈女士结婚，然而"讵意造化作梗，一去不返，绵绵长恨，无有绝期矣"。

廣東連縣廣西系動物羣之發現*

陳　康

（經濟部中央地質調查所）

粤省泥盆紀地層，自來所報告者，有所謂肖子峽系（馮景蘭朱翽聲調查），鼎湖山系（徐瑞麟蔣溶調查），蓮花山系（徐蔣調查）東崗嶺系（王鈺屛調查），均認爲與廣西之金竹圍砂岩（相當湖南下跳馬洞系）及東崗嶺系相當。上述各系之成立，全係憑層位或岩石性質之推論，古生物方面之考證，尚少具奧。徐氏曾於南路某處調查時搜獲 Phacellophyllum 及 Syringopora 兩種環珊瑚石，認爲中泥盆紀產物，嗣後又於曲江城郊發現 Atyrpa desquamata, A. rihtchofeni 等 Givetian 期化石，然關於中泥盆紀廣西系之標準化石，如 Calceola, Stringocephalus 等則終未見及。本文所述爲作者於連縣北部東陂圩調查時，探獲此等大量化石之記錄，證實中泥盆紀之海浸確曾及於廣東一隅。

東陂圩位於連縣北部約二十五公里，北與湖南江華、臨武、藍山以高山峻嶺之花崗岩侵入岩盤爲自然分界，東通星子坪石，南有公路直達連縣。此廣袤大塊地內之岩層以石灰岩爲主，當作者於二十九年隨廣東省立文理學院遷抵連縣時，見舖砌街道之石塊，盡屬石灰岩，中嵌多量腕足類及腹足類化石，即爲此等化石所吸引，乃乘課餘之暇，常至以校區爲中心六十里

*陳康先生遺稿由李星學君代爲整理

陈康遗稿经李星学整理于 1944 年发表于《地质论评》

1945 年，李星学在斯行健的指导下与其合作完成了多篇古植物方面的研究论文，标志着李星学真正走上了古植物学研究道路。同年，李星学与同学合写的论文《南川西南部之古生代地层》荣获中国地质学会第一届陈康奖学金。该文是在二舅朱森早年考察和尹赞勋带领进行野外线路复勘的基础上

完成的，也算是弥补了朱森研究成果未能发表的遗憾。

　　随着抗战的结束，位于陪都重庆的各机构纷纷开始迁回南京。1946年，中央地质调查所也开始了回迁之旅，李星学跟随边兆祥选择了乘船走水路经三峡返宁。当时的三峡水流湍急，暗礁密布，很是凶险。在他们有惊无险地到达了宜昌之后，竟然因船主为了多赚钱拖拉了一个大木船，导致在沙市以下45公里处的郝穴镇附近撞上了沙滩而搁浅，并撞死了一位正在上厕所的乘客。李星学作为乘客代表小组长，帮助乘客顺利上岸，但自己的行李却丢失了，只剩下挂在脖子上的、二舅朱森送他的礼物照相机。

1947年，斯行健与李星学在中央
研究院地质研究所门前合影

　　1947年11月，中国地质学会第二十三届年会在台北举行，李星学也随大陆大约40位地质学家参加了这次盛会。他们从上海启程，乘坐中兴号海轮到达基隆，然后乘汽车抵达台北。会议是在台湾大学地质系举行的，会议持续了一周，收到了100多篇论文。台湾大学的马廷英和台湾地质调查所的同行都曾经是李星学的老同学和老同事。其中，李星学与徐铁良十分熟悉，他们二人还在台北草山合影留念过。

　　1947年底，李星学又出席了在南京的"中国古生物学会复活大会"，并撰写了《中国古植物学之进展》一文，发表在《中国古生物学会会讯》第一期上。中国古生物学会成立于1929年，是由杨钟健和孙云铸在德国留学时酝酿倡议成立的。中国古生物学会成立后，由于会员分散，并且后来又遭战乱，很长一段时间都停止了活动。此次的复活大会将国内古生物学研究者重新凝聚在了一起。

　　随着1949年10月1日中华人民共和国的成立，原有的科研机构也进行

1947 年中国古生物学会会员集会，李星学为第二排右一

了重组。1951 年 5 月 7 日，中国科学院古生物研究所在南京成立，李四光任所长，斯行健任代所长。随着中央地质调查所的解散，很快李星学和古生物研究室的同事也成了古生物研究所的一员，与老师斯行健成了同事。

1951 年中国科学院古生物研究所成立大会

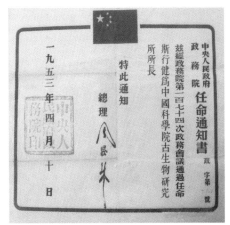

1953 年，斯行健被任命为
中国科学院古生物研究所所长

古生物所建立初期，苏联古生物学家来所访问，前排左二为斯行健

　　中华人民共和国成立之后，百废待兴。无论农业还是工业，经济的发展都离不开矿产资源的勘探和开发。为此，国家成立了全国地质工作指导委员会，统筹全国地质工作。各研究机构的专家纷纷投入全国地质大调查中。1950年李星学与森田日子次、胡敏、刘海阔等在山西大同煤田填制1∶10000地质图，根据发现的植物化石对山西北部的地层进行了重新梳理。1953年4月至12月，李星学任内蒙古大青山石拐子煤田勘探队队长，率队在贺家廊洞附近工作。在此期间，李星学结识了年轻的地质队员岳崇书，并与其维持了一生的友谊。

　　多年以后，岳崇书依然记得第一次见到李星学老师的日子。1953年春，在阳光明媚的日子里，岳崇书和十几名隶属于华北地质局的地质学徒随新组建的石拐子地质勘探队的部分职工，从张家口坐火车到达地质部驻包头工作站，再换乘几辆大卡车，经过几小时的奔波，最后到达石拐子格亥图队部。

　　当天晚上，有人通知他们明天进行地质踏勘，做好准备。但对于什么叫作"地质踏勘"，岳崇书他们却是一头雾水，茫然无所知。第二天天刚亮，他

1951 年春，太原煤田、石膏地质勘探队部分队员合影，前排右二为李星学

们就起来主动把 20 多个背壶灌满开水，又帮厨师把每个人的饭盒装好午餐。吃完早餐，他们背上背包，肩挎罗盘和水壶，脖子上挂着微型放大镜，头顶白色太阳帽，脚穿翻毛登山鞋，手持地质锤，好奇地等待出发了。

他们在专家师傅的带领下，像边防的巡逻兵，自觉地走成了一排，向着目的地进发。途中遇到的老乡对这一支不像战士的队伍十分好奇，看着他们奇怪的打扮，窃窃私语。其中胆子大的人高声问他们是干什么的。这时，走在最前面领头的技术队长李师傅（即李星学）心直口快地回答："我们是地质队，是给你们找矿来的！"

李星学是湖南人，当时带有比较重的地方口音，老乡一时听不懂，加上他瘦瘦

20 世纪 50 年代，
李星学在华北野外工作照

的还戴副眼镜，十分引人注意。队伍里的专家师傅除李星学之外，还有刘海润和田本裕。刘海润性格开朗，平时爱开玩笑，很快队伍中的老师和学生就打成了一片。

那几天，在李星学等的带领和指导下，岳崇书等地质学徒爬高山穿沟壑，很快学会了识别地层、岩石、构造和矿层，量产状、拍照片、做记录、打标本，掌握了基本的野外地质技能。

在踏勘过程中，李星学非常重视化石的采集。一次，李星学带领岳崇书等在贺家廊洞村附近的地层中发现了丰富的植物化石。面对这些生命历史的记录者，李星学一边给大家示范采集植物化石的方法，一边讲解植物化石是如何形成的，以及植物化石的分布规律和研究植物化石的意义。当岩层中的化石被劈出，露出叶脉清晰的叶片印痕化石时，岳崇书他们都发出一声惊叹。

《中国地质时期植物群》封面

野外调查结束后，利用调查时所获得的一手资料，李星学主持编制了《石拐子煤田地形地质自然剖面图》《石拐子煤田区域地层综合柱状图》，并完成了《内蒙古石拐子煤田地质初勘报告》。

艰苦的野外考察为古植物学的研究提供了丰富的素材，1955年李星学在《古生物学报》上发表了由自己独立完成的第一篇古植物学论文——《山西东南部山西系中 *Emplectopteridium alatum Kawasaki* 的发现及讨论》。编羊齿（*Emplectopteridium*）是日本古植物学家川崎繁太郎 1931 年根据朝鲜标本建立的一个新植物种属，由于标本不多，人们一直对其了解得不多。1954 年，李星学的同事杨敬之和王水等在山西东南部采集了大批含有类似编羊齿的植物化石，并交由李星学进行鉴定。李星学对编羊齿的研究大大增加了人们对这种植物的认识。老师斯行健看过李星学完成的文章后，认为这是被自己忽视的一种重要的二叠纪植物。接着，在鉴定一批产自祁连山的植物化石时，李星学提出这是东亚地区首次发现纳缪尔期植物群等一些新观点，改变了斯行健担心李星学"不成器"的想法。

《华北月门沟群植物化石》封面　　《北祁连山东段纳缪尔期地层和生物群》封面

1955 年，斯行健与李四光、黄汲清、杨钟健、孙云铸、尹赞勋、田奇㻪、俞建章、许杰、裴文中、乐森璕等古生物学家一起被评选为中国科学院学部委员（即院士）。当时评选出的属于地学领域的学部委员共有 24 人，而研究古生物的就有 11 个，这对于古生物这一小分支学科来说是莫大的荣誉。

随着大规模地质调查的结束，李星学和众多专家一样，主要精力又回到了科学研究上来。李星学也逐渐进入了学术成果的高产期，对晚古生代的陆相地层和植物群进行了广泛的研究。然而，1964年7月19日，李星学古植物学研究的领路人斯行健却因病在南京去世，终年仅63岁。

斯行健去世后，李星学和斯老的研究生周志炎逐渐成为古生物研究所，乃至全国古植物学研究的领军人物，担负起人才培养和学科发展的重任。

1963年，李星学开始招收研究生，其第一位学生是毕业于长春地质学院并在包头钢铁学院工作的蔡重阳。1963年9月18日，蔡重阳风尘仆仆地从包头赶到南京地质古生物研究所（南古所）报到，受到了李星学的热情欢迎，从此走上了古植物学研究的道路，除早期做了部分石炭纪植物的研究工作外，终其职业生涯一直在做泥盆纪早期维管植物的研究。

1959年春节李星学与进修人员
在南京中山陵留影

1960年春节前斯行健、李星学、王水、
周志炎等与古植物组同事及进修人员合影

1964年，来自焦作矿业学院的姚兆奇成为李星学的第二个研究生，长期从事华南二叠纪植物的研究，并且对大羽羊齿进行了大量研究，为了考证当年李希霍芬采集大羽羊齿模式标本的产地，特别到耒水河畔进行调查考证。1980年姚兆奇又与李星学合作发表了关于大羽羊齿类植物繁殖器官研究的成果，为揭开这类华夏植物群的代表性植物的真实身份提供了证据。

为了满足本单位工作的需要，20世纪50年代后期到60年代早期，很多单位纷纷派人到南古所进修。他们中有很多都与李星学结下了深厚的友谊，其中著名古植物学家、西北大学教授沈光隆就是具有代表性的一个。

1958 年秋，沈光隆升入兰州大学地质系三年级，学校即将其选派到南古所进修。到南京之后，经过一番初步了解，沈光隆决定专修古植物学，于是就去拜访了时任古植物研究室主任的李星学，请求跟随其学习。李星学在详细了解了他在学校的学习情况之后，就带他去见了斯行健所长。当李星学离开办公室后，斯行健问他学过几门外语，得知沈光隆只学过俄语后，就从书架上抽出 3 本书递给了他，并说："你先看看这几本书，一个月后再给你安排进修计划。"

离开斯老的办公室后，沈光隆发现自己根本无法在一个月内看完 3 本外文书，就决定放弃进修。但几天后，李星学找到了沈光隆，让他不要放弃这次进修的机会，鼓励他安下心来好好学，并安排他到南京大学地质系旁听自己讲的古植物学课程，做实习课的助教。在李星学的鼓励和悉心指导之下，沈光隆很快全身心地投入了学习中，甚至放弃了节假日。

就这样沈光隆顺利通过了斯行健的考核，在南古所留下来继续进修。为了避免过度疲劳，李星学还在工作之余带领所里的学生和进修人员去看电影、郊游，以放松身心。20 世纪 80 年代，沈光隆又在李星学的鼓励和帮助之下，远赴德国进行访问研究，后担任兰州大学地质系主任，1991 年调入西北大学直至退休。

1975 年 5 月，李星学与蔡重阳、欧阳舒在桂林芦笛岩洞留影

1970 年下半年，李星学率领国内古植物学同仁编写了《中国古生代植物》等重要著作。

1972 年至 1975 年，李星学带领欧阳舒和蔡重阳到两湖、两广、四川、贵州、江西和云南等地，进行了大范围的野外考察，不仅积累了丰富的实践经验，也采集了大量标本。1975 年夏，他们在云南曲靖翠峰山考察早泥盆世翠峰山群标准剖面时，每天需要步行 15~20 千米。通过这些野外考察，李星学和蔡重阳合作完成了多篇关于华南地区早期维管植物的研究成果的论文，发现了中国工蕨等著名的植物。

李星学（前排左二）与吴征镒（前排左四）、徐仁（左五）等参加中国植物学会访美代表团（1979 年，美国）

1978 年后，中国迎来了科学的春天，国家逐渐敞开了国际交流与合作的大门。1979 年，李星学与吴征镒、汤佩松、殷宏章、俞德浚、徐仁等院士组成中国植物学会访美代表团，先后访问了美国马里兰大学、耶鲁大学等著名高校和科研机构，进行了广泛的学术交流。1980 年他又与徐仁院士一起出席了在英国里丁大学举办的首届国际古植物学大会（IOPC-I），与印度萨尼古植物研究所所长波思等共同代表亚洲古植物学家亮相于国际舞台。从此，他开始考虑如何带领中国古植物学界进一步走向世界。而要做到这一点，一方面应该加快人才的培养，特别是开展人才的国际化交流，打开视野；另一方面是尽快组建中国古植物学会，以便于国内古植物学研究者的交流，同时也有利于更好地与国际同行交流。

李浩敏是我国第一位前往南极采集植物化石的古植物学家，曾于 1992—1993 年参加了中国第九次南极科学考察队的长城站夏季科考。李浩敏 1954 年毕业于北京师大附中，随即前往莫斯科大学地质系古生物专业学习，与古鱼类学家张弥曼院士、古海洋学家汪品先院

李浩敏研究员在南极化石山采集标本

士为同班同学，1960 年从莫斯科大学毕业后进入南古所，一直从事新生代被子植物化石的研究工作。

1980 年初，中国科学院组织出国留学人员英语口语培训，李浩敏在研究所的布告栏中看到了这一消息，正好碰到了李星学，他立即鼓励李浩敏报名参加。当时李浩敏觉得自己已经 40 多岁了，公派希望渺茫，就颇为犹豫。但在李星学的鼓励下，她打消了所有顾虑，全身心投入英语学习中，4 个月后以第一名的成绩顺利拿到了出国留学的英语合格证。随后李浩敏获得了美国耶鲁大学的布朗奖学金，到该校做了生物学访问学者，并在该校的Peabody 博物馆进行了合作研究。多年以后，李浩敏还对李星学的帮助念念不忘，"如果没有李老师的引导和鼓励，这个令我一辈子受益匪浅的进修机会就可能与我擦肩而过，我也不可能取得今天的这些成就"。

1979 年李星学院士在美国加州 1964 年
圣诞大洪水中倒伏的北美红杉前留影

1983 年，李星学与周志炎
在陕西西安华清池

1983 年在西安召开的第一届中国古生物学年会古植物学分会上李星学(前排右四) 与同事合影

1983 年 8 月,李星学院士(左二)、
周志炎院士(左一)、卢衍豪院士(右二) 与
到南古所访问的印度植物学家合影

1986 年,李星学与沈光隆带队
在甘肃靖远红土洼进行地质考察

　　自 1981 年起,李星学开始着手中国古植物学会的筹建工作。鉴于当时我国古植物学工作者主要集中在南古所(当时南古所古植物室已有 18 名研究人员),而中科院植物所古植物室人员略少(当时只有 6~7 人),国内其他单位古植物研究人员大都为 1~3 人,为做好组织筹建工作,他首先致信中科

院北京植物所的徐仁先生，请其出任中国古植物学会名誉理事长，并建议中国古植物学会日常办事机构挂靠在南古所，便于学会开展工作。此意得到徐仁先生的赞同和支持。经过近两年时间的筹备，中国古植物学会(后改为中国古生物学会古植物专业委员会或分会)最终于1983年5月正式成立，并在西安小寨饭店举行了首届全国代表大会。大会选举李星学院士为中国古植物学会理事长，徐仁院士为名誉理事长，副理事长由周志炎、朱家枏、米家榕等担任。为支持中国古植物学会的成立，著名古生物学家、时任中国科学院地质研究所所长的尹赞勋院士及中国科学院古脊椎动物与古人类研究所所长周明镇院士等都莅临大会。

中国古植物学会的成立为团结我国古植物学工作者、发展我国古植物学事业、更好地开展国际交流与合作等发挥了里程碑意义的作用。对于李星学院士出色的组织工作能力和他海纳百川团结同事的品格，著名植物学家吴征镒院士在2007年所写的《卅年话旧》中，曾高度赞扬称李星学是"当今中国地层学和古植物学的权威，近代地学领域继往开来的集大成的地学界的帅才"。

1980年李星学(站立前排左四)、徐仁(站立前排左六)出席首届国际古植物学大会(IOPC-Ⅰ，英国里丁)，前排左五为印度古植物学家波思

20世纪90年代之后，随着年龄的增长，李星学将更多的精力放在培养和支持年轻人上，利用自己的声望为有潜力的年轻人争取资源，慢慢走向了幕后工作。

一个突出的例子是荐举他的得力助手和研究生蔡重阳去德国进修。自1978年改革开放起，德国为增进中德合作与交流，开始向中国招收"洪堡奖学金"进修生，资助中国年轻学者以"博士后"身份在德国大学或研究机构进修两年。但由于名额较少、竞争激烈，获此机会的人可谓凤毛麟角。为了能让自己的研究生兼助手能获得出国深造的机会，李星学利用在北京出席"中国西藏高原科考大会"的机会，主动联系来华出席会议的德国著名古植物学家斯沃瑟(H J. Schweizer)教授，希望他能够接受蔡重阳去他所在的波恩大学古生物所做"洪堡访问学者"。斯沃瑟教授非常理解和赞赏李星学对学生培养的厚意，经过努力，蔡重阳终于如愿以偿。由此，蔡重阳也成为我国古植物学界首位赴德国的"洪堡学者"。由于斯沃瑟教授是德国首席泥盆纪植物与地层学家，蔡重阳在德国得到了高水平的培养和训练机会，业务能力和外语水平得到"双丰收"，为我国日后的泥盆纪植物化石研究水平的提高以及中德古植物学合作等发挥了重要作用。

李星学与德国古植物学家斯沃瑟
教授及其夫人在北京(1980年)

李星学担任第六届国际古植物学大会
(IOPC-VI)主席(秦皇岛，2000年)

　　由于工作成果卓著，各种名誉纷至沓来。1980年，李星学当选为中国科学院学部委员(院士)。1992年，李星学被美国植物学会授予通讯会员终身荣誉称号。1993年，李星学荣获中国古生物学会最高荣誉——尹赞勋地层古生物学奖。尹赞勋(1902—1984)是中国著名的地质古生物学家，中国地质事业的开拓者和组织者之一。1986年，中国古生物学会成立"尹赞勋基金会"，设置"尹赞勋地层古生物学奖"，每4年颁奖一次。

1996 年，李星学在美国加州举行的第五届国际古植物学大会上被授予"萨尼国际古植物学协会奖章"。萨尼（Birbal Sahni，1891—1949）是印度著名古植物学家，1946 年在印度勒克瑙创办了萨尼古植物研究所（Birbal Sahni Institute of Palaeobotany）。萨尼曾在英国剑桥大学和伦敦大学留学，并跟随著名古植物学家 Albert Charles Seward 学习。1930 年，斯行健跟随老师高腾到剑桥大学参加第五届世界植物学大会时与萨尼相识，之后与其在学术上多有交流。可惜的是萨尼教授在 1949 年就突发心脏病不幸去世，终年 58 岁。萨尼教授与中国古植物学颇有渊源，1948 年中国古植物学家徐仁先生（1910—1992）应邀赴印度工作，参与了萨尼古植物研究所的创建工作，并在萨尼去世后担任过一段时间的代所长。

1995 年在南京召开的中生代植物演化国际会议上李星学院士与周志炎院士和孙革研究员合影

1996 年南古所所庆 45 周年李星学院士与自己的第一个博士研究生孙革教授合影

李星学院士的最后一个博士研究生朱怀诚研究员，是我国著名的孢粉学家

李星学院士（右二）的博士生王怿毕业答辩会（左二为蔡重阳，右为欧阳舒）

李星学的晚年时光是相对闲适的，读书之余与夫人一起在阳台上侍弄花草，偶尔接待一下来访的客人，但他仍然悉心关心着中国古植物学事业的发展和人才培养等工作，仍然是有求必应。时光如手指间的沙粒慢慢流逝着。

2001年，他的第一个博士研究生孙革研究员应吉林大学邀请，在长春组建吉林大学的古生物学与地层学研究中心。当时正值我国高校教育改革风起云涌，合校新组建的吉林大学要振兴古生物学科，急需高水平的科研与教学人才指导，因此吉林大学特聘请李星学做吉林大学的兼职教授及新组建的古生物研究中心的学术委员会主任；孙革也写信恳请导师前来吉林大学指导和助阵。由于吉林大学地学的前身——长春地质学院曾是李四光先生首任院长、南古所副所长俞建章院士曾任副院长的教学与科研高校，发展吉林大学古生物学科也理应协助，何况又可以解自己学生的燃眉之急，于是李星学欣然答应了吉林大学和孙革的恳请。

2002年10月1日正逢国庆假日，李星学不远千里、不辞辛苦地从南京飞到长春。吉林大学校领导和孙革等在机场隆重迎接，看到这位耄耋高龄的老师仍是神采奕奕，大家又是激动、又是感激。10月2日，李星学在吉林大学时任校长刘中树教授陪同下，在长春出席了吉林大学地学学科成立50周年的庆祝活动，之后出席了吉林大学古生物学与地层学研究中心举行的欢迎会议。同来长春出席会议的李廷栋院士、刘嘉麒院士、中国地质调查局局长孟宪来以及吉林大学古生物学与地层学研究中心的老师们都满怀欣喜地前来看望李先生，早已退休的古生物学家赵祥麟、李亚美等教授也专程赶来看望他们一生敬仰的李先生表示由衷的祝福与问候。

在与吉林大学古生物学与地层学研究中心的老师们见面时，李星学除了对大家努力献身古生物事业表示欣慰和勉励，还深情地指出：吉林大学对古生物学科发展给予了高度重视，你们现在的"硬件"条件已经很好了，关键是如何将研究水平达到和保持一流。李星学的这一席话至今还在孙革的脑中铭记，也给该中心的工作指明了方向。吉林大学古生物学与地层学研究中心在后来的工作中不断取得佳绩：他们先后在美国 Science 杂志发表封面文章；建立了我国首个中德古生物与地质联合实验室、东北亚生物演化与环境教育部重点实验室，以及教育部与国家外专局古生物学科创新基地等；孙革也荣获我国地学领域的最高奖——李四光地质科学奖。

李星学受聘吉林大学教授及吉林大学古生物学与地层学研究中心学术委员会主任
仪式合影，右四为时任吉林大学校长刘中树教授(2002年10月2日，长春)

李星学在吉林大学古生物学与地层学研究中心讲话(2002年10月2日，长春)

2006年夏，第二届国际古生物学大会在北京举行，已近90的李星学也参加了此次会议，与到会的世界各国古生物学家亲切会晤交谈，并纷纷拍照留念。与此同时，他还在北大会议室亲自主持了中国古生物学会古植物学分会的换届工作，力荐他的第一个博士生孙革教授担任了新一届理事长。自此，孙革接任分会理事长并工作了两届，直到2014年卸任。

2007年春节前，李星学致信云南大学的侯先光教授，并寄上两人在北京时的合影。在信中李星学描述了自己的近况："近二三年，我多种病缠身，先后短期住医院五次（每次8～25日不等），体力大不如前。不过，不发病时，生活尚能自理，尚无大患。"

信的最后还表达了对古生物研究所发展的关注，"古生物所，近年不大景气。去年金玉玕故世后，月之初盛金章亦病故；顾知微亦多次住院手术，情况不太好"。随着同辈学者的渐渐老去，甚至故去，一个时代也终将过去。就跟李星学研究的植物历史一样，生命处于不断的代谢之中，无论是一个生命个体，还是一个生物物种，抑或是一个属、一个科，最终的命运都是飘散在历史的深处。

生物体可能因缘际会形成化石而被后人所知，一个人则要靠自己的学识和努力，通过自己取得的成就和树立的精神人格而被后世传颂。

2010年10月31日，李星学在南京去世，终年94岁。

2006年第二届国际古生物学大会期间，李星学与侯先光在北京合影

没有结束的结语

　　从德国人李希霍芬到郴州的考察，到郴县少年朱森和李星学一步步成长为我国著名的地质古生物学家，中国的科学事业可谓一日千里，从无到有建立了完整的学科体系。

　　如今李星学家坳上的祖屋和朱森家大奎上的祖屋依然仁立在南岭的群山之间，但是房屋的主人已经不再，门前房后少年的欢笑声早已飘散在历史的深处。然而，朱森和李星学等科学家的探索精神依然流传在后辈学子的心中，有很多人，有很多事，无论多久都是不能被忘记的。

　　为纪念朱森和李星学在地质和古生物学方面做出的杰出贡献，研究者用他们的名字命名了许多化石生物新属种，如朱森蜓、朱森珊瑚、李氏楔叶穗、李氏蕨、星学花序、星学叶、李氏木、李氏苏铁、星学花等。这些名字早已融入人类科学知识的巨大宝库中。

　　2022 年 7 月 8 日—12 日，在郴州举办的矿博会上，有一个展现李星学院士科学精神的版块。为了这一名为"从湘粤古道走来"的展览，笔者跑了几趟坳上村，但却一直没有时间去看一看残存的湘粤古道。为了弥补这一遗憾，根据有关资料提供的线索，笔者于 11 日上午驱车前往保存了古道的折岭头村。

　　根据导航的指引，车子先是进了折岭村，也就是前面民歌中提到的"三十里折岭陡壁高万丈"的地方。折进村子后，却遇到有一户人家在路中间堆满了沙子，车子无法通过。倒车时注意到街道上有一段铺满了青石板。停下车向路边的居民打听才知原来这段青石板路就是骡马古道的一部分。

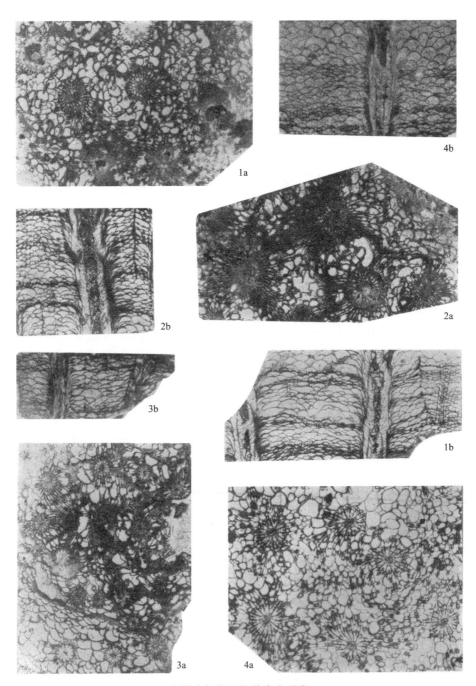

安徽南部栖霞组的朱森珊瑚

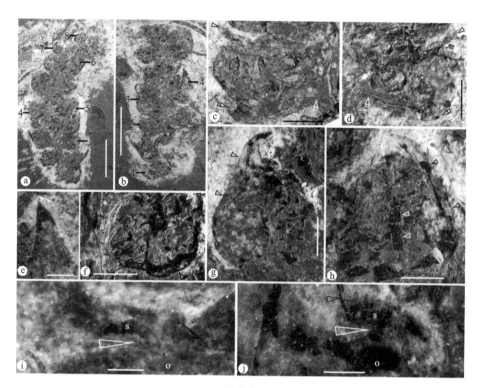

星学花

星学花序及星学叶复原图

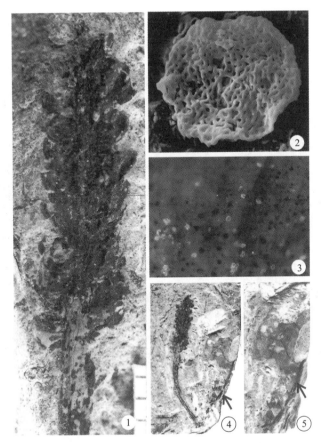

1、2、3 为星学花序及其花粉，4、5 为星学叶（箭头所示）

李氏蕨

与李星学院士共事多年的戎嘉余院士在李星学故居暨科学家精神教育基地揭牌仪式上讲话

李星学院士第一位博士研究生孙革教授在李星学故居暨科学家精神教育基地揭牌仪式上讲话

从南向北眺望折岭

走在古道上，弯下腰慢慢在石板上搜寻，很快就发现了一坨硕大的复体珊瑚，而且旁边就有一个骡马踏出的凹陷。可以想象，当年踏行在石板路上的骡马和行人，必定无数次踩踏过这块珊瑚。

根据村民的指引，看完这段古道后，笔者继续驱车前往既定的目的地——折岭头村。开始的路况还好，但最后一段道路慢慢在变窄。面对这样前途莫测的情况，真是越走心里越没底，最后不得不将车停在一个宽敞的地方，下车步行向前探行。

心里想着村子可能已经不存在了，可翻过山坡，眼前出现了几栋房子。在车辙中满是积水的土石路上闪转腾挪一番，走近一看，景象与网上见到的介绍这段骡马古道的图片几乎完全一样，青石板静静地躺在地上。不同的是，村口停了一辆丰田 SUV 车。拍照时正好一位挂着拐杖的老人用筐子在运东西。

路还是老路，但已经与李希霍芬当年看到的景象有了很大的变化。汽车、电线，远处的风力发电大风车，无不彰显着时代的进步。

折岭村口的亭子

折岭头村口，老房子、老人、汽车和风力发电大风车

在石板路上仔细搜寻，又发现了很多腹足类化石。这完全证实了当年李希霍芬的观察——"对于古生物学研究来说，湖南的南部简直就是一个天堂"。

折岭头村的老石板路，红色箭头所指为化石所在处

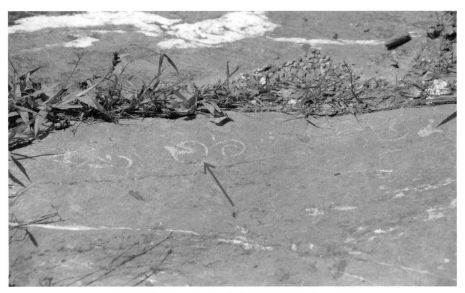

折岭头村的老石板路，红色箭头所指为化石近照

　　如今骡马古道已经基本荒废，不复当年的繁华。但折岭依然处于交通干道上，武广高铁和京港澳高速都从村子的不远处经过。

　　往回走时，风力发电大风车叶片转动的声音越来越小，耳边不时响起高铁飞驰而过的声音。站在山坡上向西北方向望去，一辆银白色的高速列车正从圆锥形石灰岩山体中部的隧道洞口飞速而出。

折岭村到折岭头之间的武广高铁

郴州地区地质图

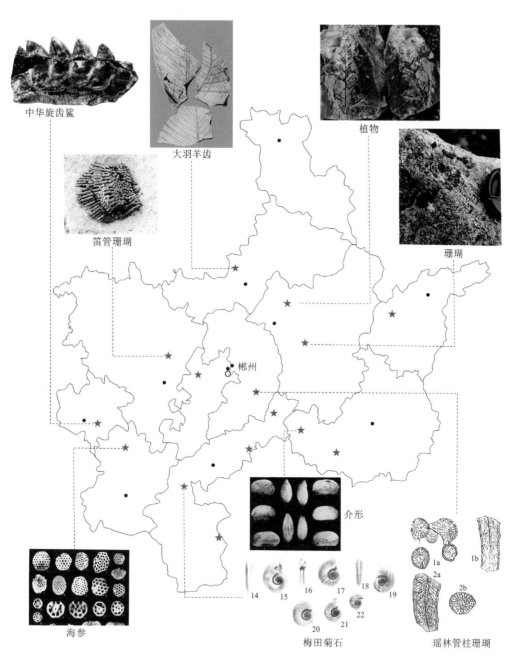

中华旋齿鲨

大羽羊齿

植物

笛管珊瑚

珊瑚

郴州

海参

介形

梅田菊石

瑶林管柱珊瑚

郴州市重要化石分布图

东江湖

后　记

　　"科学"（science）源自拉丁语的 scientia 一词，意为"知识"，脱胎于独立于宗教来探索世界和自身的自然哲学。

　　作为获取知识的手段，认识自然世界的观念和由其所产生的知识体系，科学毫无疑问产生于以古希腊和希伯来文明为基础的西方世界，是随着西方文明向全世界传播而进入中国的。

　　自明末的西学东渐以来，"science"一词最早被译为"格致"或"格致学"，随着时间的推移，在清末，格致学往往仅限于物理学范畴。"科学"一词或概念在中文中的出现，可以追溯到 19 世纪 30 年代的日本，到 19 世纪 70 年代其被广泛使用，直至 19 世纪 80 年代才正式固定下来意指"science"一词。

　　1894 年爆发的甲午战争，令泱泱中央大国被"蕞尔小邦"日本击败，被迫签订了屈辱的《马关条约》，这给当时中国的知识阶层带来了非常沉重的精神打击。东渡日本以强敌为师，学习如何快速建立强国成为朝野上下的共识，因此留学日本的人数迅速激增，到 1906 年就达到了七八千人之多，大量的现代科学知识迅速由日本转引入中国。

　　1897 年，程起鹏、梁启超等在文章中，开始借用来自日本的"科学"一词。20 世纪初，随着清政府开始推行新式教育、废除科举，以及大量留日学生回国和各种日本教科书的引入，"科学"一词开始在大众传媒中广泛传播。

　　在此基础上，中国自己的科学从业者开始崭露头角，各学科的奠基者也正是在这一时期接受教育并成长起来的。可以说科学的发展与国家的命运紧紧联系在了一起。

　　然而，科学并非简单的知识体系，更非寻常所见的坚船利炮，而是有自己的精神内核的。中文中"科学精神"一词的首次出现是在 1916 年，时任中国科学社社长、《科学》杂志的创办人任鸿隽在所创杂志的第 2 卷第 1 期发表了《科学精神论》一文，指出"科学精神者何？求真理是已"。

任鸿隽在文章中论述道，"科学精神在求真理，而求真理之特征在有多数之事实为之佐证"，并总结认为科学精神具有"崇实"和"贵确"两个要素。所谓"崇实"也就是我们常说的实事求是，以事实为依据；而"贵确"是指要精益求精而不能含混其事。

自从任鸿隽提出有关科学精神的讨论之后，"科学精神"备受学者的关注，如梁启超（1922 年《科学精神与东西文化》）、周太玄（1924 年《科学精神与科学方法》）、程启楷（1931 年《科学精神》）、包瀚（1931 年《科学精神与中国》）、王维克（1933 年《所谓科学的精神》）、竺可桢（1934 年《科学研究的精神》）、陈中一（1935 年《科学精神》）、徐旭生（1937 年《科学化与科学精神》）、石延汉（1937 年《治科学和科学精神——寄给青年的一封信》）、陈德徵（1938 年《科学精神的特征》）、曹日昌（1939 年《科学精神》）、陈朋（1940 年《谈科学方法与科学精神》）、邱舍一（1941 年《发扬科学的精神》）、华景芳（1941 年《科学精神与民族复兴》）、翁文灏（1941 年《科学精神与中国前途》）、钱正声（1941 年《科学树立科学精神》）、梁宗岱（1942 年《非古复古与科学精神》）、洪谦（1942 年《自然科学与科学精神》）、定思（1944 年《科学精神、科学态度》）、洪谦（1945 年《科学精神重于一切》）、党修甫（1945 年《谈科学精神》）、楫若（1946 年《我们有完整的科学精神吗!》）、谢诵穆（1946 年《科学精神与中国医学》）……，从不同的角度对科学精神进行了讨论，在将科学真正引入中国的过程中起到了重要作用。

近年来，从政府到民间，社会各阶层都极为关注我国科学的发展，而科学的发展离不开其强大的精神内核。科学不仅仅体现在所取得的成就和转化的成果上，更重要的是体现在对于事物本质和客观规律的追求上。科学最大的魅力在于探索过程的不确定性，在于攀登过程中所领略的各种风景和所尝的酸甜苦辣。

地质古生物是现代科学进入中国后最早走在前列的学科之一，在学科的发展过程中，从 1872 年的留学幼童邝荣光（1860—1962），到国人在大学讲授地质学的第一人章鸿钊(1877—1951)，到中国第一位教古生物学的丁文江(1887—1936)，到国内本科大学学习地质的第一人王烈(1887—1957)，到中国第一位地质学博士翁文灏(1889—1971)，再到1916年北洋政府农商部地质研究所中国自己培养的第一批地质科学工作者，在滚滚的历史洪流中，中国的地质古生物学从无到有，不断发展壮大。

郴州由于地处沟通岭南与中原的交通要道上，成为中国现代地质学研究最早的目标区域。从1870年的德国地理学家、地质学家李希霍芬的考察，到郴州籍地质古生物学家朱森和李星学的成长，古老的湘粤古道无疑见证了中国地质古生物学的诞生和成长。

《从湘粤古道到古生物学高峰——古植物学家李星学院士的科学精神传承》这本小册子主要讲述了与郴州有关的三位地质古生物学家的经历，从1870年李希霍芬的初访，到朱森的成长、工作和早逝，最后到李星学成为中国古植物学的领头人，在140年的时间里，经历了清末、整个中华民国和中华人民共和国走向繁荣。在岁月的长河中，在中国地质古生物学发展的这一个小侧影中，我们可以领略科学的魅力和科学精神的传承。

湖南是朱森和李星学的故乡，中央研究院地质研究所和中国科学院南京地质古生物研究所所在的南京，是朱森和李星学的第二故乡，也正是有这样的关系，才有了这本小册子的问世。在本书的编写和出版过程中，得到了中国科学院南京地质古生物研究所和湖南省地质博物馆各级领导的大力支持，在此深表感谢。

在成书过程中，中国古生物学会古植物学分会的前理事长孙革教授给予了大量帮助，不仅提供资料和图片，指出文中的不当之处，还撰写了序言，为本书大光其彩。此外，还要感谢李星学院士的儿子李克洪先生和《远古生命的守望者——李星学传》的作者何琦女士为本书提供相关资料和照片。

最后，要由衷感谢中南大学出版社为本书的出版给予的大力帮助。本书不可避免会存在诸多不足之处，请读者予以批评指正，以便在后续的修订中改进。